□ 三角龙（第 52 页）

□ 无齿翼龙（翼龙类）（第 70 页）

□ 开角龙（第 15 页）

□ 暴龙（第 46 页）

● 角鼻龙（第 24 页）

□ 甲龙（第 6 页）

● 剑龙（第 34 页）

● 地震龙（第 37 页）

● 极龙（第 10 页）

● 异特龙
（第 7 页）

□ 萨尔塔龙（第 29 页）

□ 阿马加龙（第 5 页）

● 冰脊龙（第 20 页）

□ 南方巨兽龙（第 20 页）

※ 本书插图来自原版书

约 1 亿 4500 万年前

约 6600 万年前

白 垩 纪

图解恐龙大百科

头骨形态接近异特龙（第 7 页），
因此分类上属于异特龙类[1]

巨大的头部可
达 1.5 米长

性格凶猛，
会群体狩猎

头骨上有许多孔洞，能
起到减轻重量的作用

●解说

背部隆起，脊椎上
的突起（神经棘）
高约 40 厘米

高棘龙名字中"高棘"的意
思是"高高隆起的神经棘"

巨大的身躯全长
近 12 米

尾部肌肉强韧

● 名称 ——— 高棘龙
● 大小 ——— 体长约 12 米
● 分类，食性 —— 兽脚类，肉食性
● 生存年代 —— 白垩纪早期
● 生存区域 —— 美国

前肢有 3
根手指

咬合力惊人，除了会袭击
禽龙（第 9 页）等植食性
恐龙外，有时可能也会猎
捕腕龙（第 66 页）等巨
大的蜥脚类恐龙

尖锐的钩爪

体重 3~4 吨

长长的后肢适合
追捕猎物

长长的尾巴能像鞭子一样挥
动，是强而有力的武器

雌性高棘龙可能会照顾
自己的孩子，并悉心呵
护它们长大

●人类的大小

有时也会用脚踩
踏、压制猎物

① 根据新近的研究，高棘龙与鲨齿龙（第 18 页）
的亲缘关系更加接近。——译者注（后文未经
特别说明均为译者注）

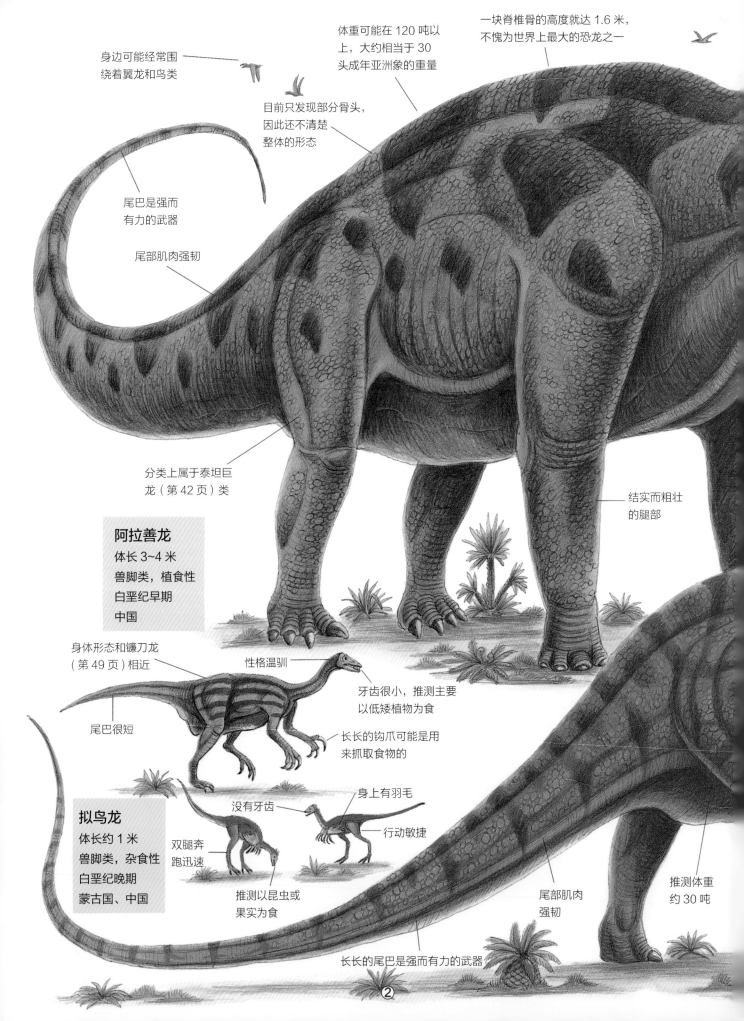

身边可能经常围绕着翼龙和鸟类

体重可能在 120 吨以上，大约相当于 30 头成年亚洲象的重量

一块脊椎骨的高度就达 1.6 米，不愧为世界上最大的恐龙之一

目前只发现部分骨头，因此还不清楚整体的形态

尾巴是强而有力的武器

尾部肌肉强韧

分类上属于泰坦巨龙（第 42 页）类

结实而粗壮的腿部

阿拉善龙
体长 3~4 米
兽脚类，植食性
白垩纪早期
中国

身体形态和镰刀龙（第 49 页）相近

性格温驯

尾巴很短

牙齿很小，推测主要以低矮植物为食

长长的钩爪可能是用来抓取食物的

拟鸟龙
体长约 1 米
兽脚类，杂食性
白垩纪晚期
蒙古国、中国

没有牙齿

身上有羽毛

双腿奔跑迅速

行动敏捷

推测以昆虫或果实为食

尾部肌肉强韧

推测体重约 30 吨

长长的尾巴是强而有力的武器

②

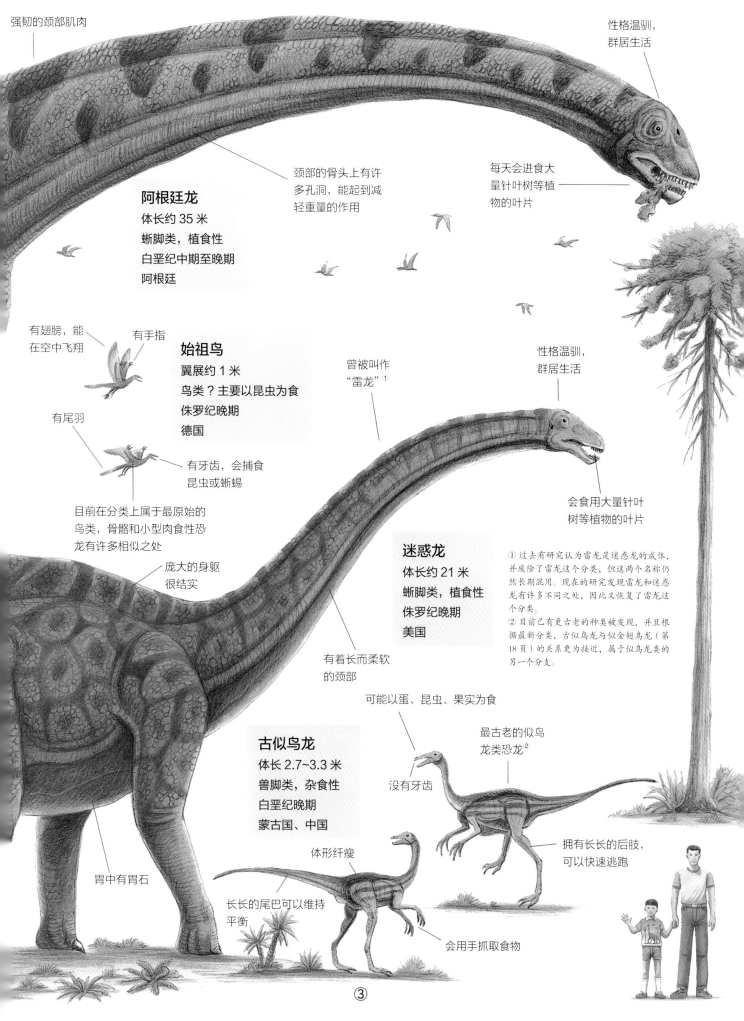

强韧的颈部肌肉

性格温驯，
群居生活

颈部的骨头上有许
多孔洞，能起到减
轻重量的作用

每天会进食大
量针叶树等植
物的叶片

阿根廷龙
体长约 35 米
蜥脚类，植食性
白垩纪中期至晚期
阿根廷

有翅膀，能
在空中飞翔

有手指

始祖鸟
翼展约 1 米
鸟类？主要以昆虫为食
侏罗纪晚期
德国

曾被叫作
"雷龙" ①

性格温驯，
群居生活

有尾羽

有牙齿，会捕食
昆虫或蜥蜴

目前在分类上属于最原始的
鸟类，骨骼和小型肉食性恐
龙有许多相似之处

会食用大量针叶
树等植物的叶片

庞大的身躯
很结实

迷惑龙
体长约 21 米
蜥脚类，植食性
侏罗纪晚期
美国

① 过去有研究认为雷龙是迷惑龙的成体，
并废除了雷龙这个分类，但这两个名称仍
然长期混用。现在的研究发现雷龙和迷惑
龙有许多不同之处，因此又恢复了雷龙这
个分类。
② 目前已有更古老的种类被发现，并且根
据最新分类，古似鸟龙与似金翅鸟龙（第
18 页）的关系更为接近，属于似鸟龙类的
另一个分支。

有着长而柔软
的颈部

可能以蛋、昆虫、果实为食

最古老的似鸟
龙类恐龙②

古似鸟龙
体长 2.7~3.3 米
兽脚类，杂食性
白垩纪晚期
蒙古国、中国

没有牙齿

胃中有胃石

体形纤瘦

拥有长长的后肢，
可以快速逃跑

长长的尾巴可以维持
平衡

会用手抓取食物

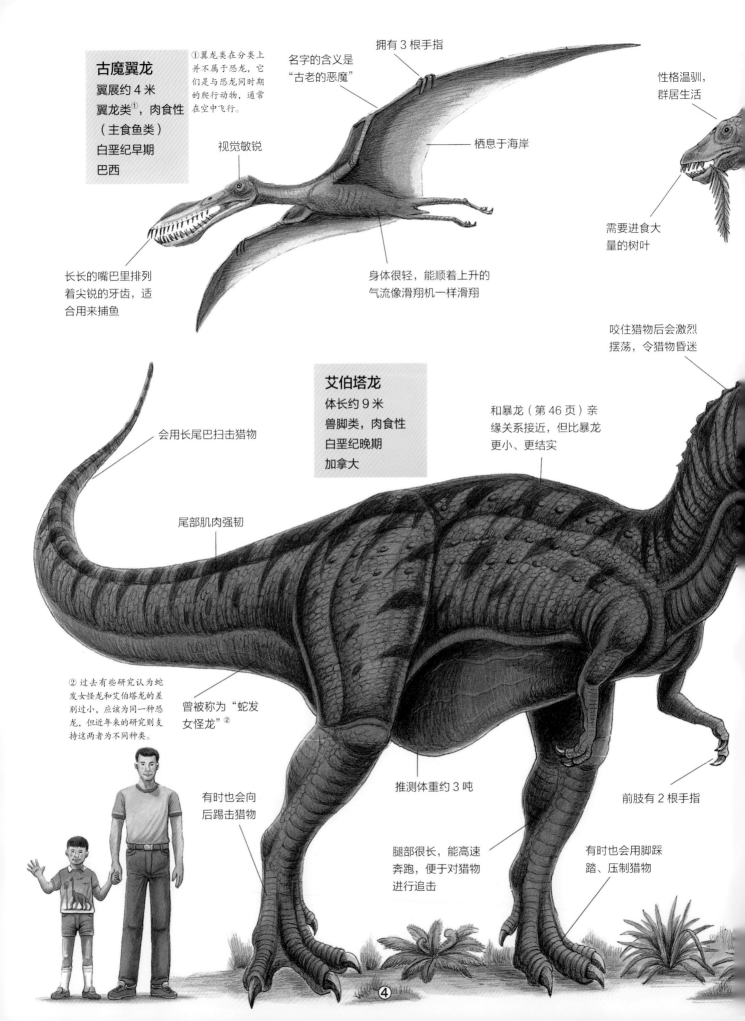

古魔翼龙
翼展约 4 米
翼龙类[1]，肉食性
（主食鱼类）
白垩纪早期
巴西

[1]翼龙类在分类上并不属于恐龙，它们是与恐龙同时期的爬行动物，通常在空中飞行。

名字的含义是"古老的恶魔"

拥有 3 根手指

性格温驯，群居生活

视觉敏锐

栖息于海岸

需要进食大量的树叶

长长的嘴巴里排列着尖锐的牙齿，适合用来捕鱼

身体很轻，能顺着上升的气流像滑翔机一样滑翔

咬住猎物后会激烈摆荡，令猎物昏迷

艾伯塔龙
体长约 9 米
兽脚类，肉食性
白垩纪晚期
加拿大

和暴龙（第 46 页）亲缘关系接近，但比暴龙更小、更结实

会用长尾巴扫击猎物

尾部肌肉强韧

[2]过去有些研究认为蛇发女怪龙和艾伯塔龙的差别过小，应该为同一种恐龙，但近年来的研究则支持这两者为不同种类。

曾被称为"蛇发女怪龙"[2]

推测体重约 3 吨

有时也会向后踢击猎物

腿部很长，能高速奔跑，便于对猎物进行追击

前肢有 2 根手指

有时也会用脚踩踏、压制猎物

颈部长有又细又长的突起,可能是用来散热或者吸引异性的

属于体形较小的蜥脚类恐龙

阿马加龙
体长约 12 米
蜥脚类,植食性
白垩纪早期
阿根廷

也许会挥动尾部反击袭击它的肉食性恐龙

在蜥脚类中,属于脖子很短的类型

尾部肌肉强韧

可能有胃石

性格凶猛。可能会群体狩猎

嗅觉敏锐

头骨处有锯齿状的突起

性格凶猛

属于小型的暴龙类,会群体狩猎小型的植食性恐龙

大大的嘴巴里排列着尖锐的牙齿。咬合力惊人,能对猎物造成极大的伤害。主要狩猎鸭嘴龙类或小型的角龙类,有时也会吃腐肉

尾巴是强而有力的武器

动作轻快

长长的尾巴可以维持平衡

分支龙
体长约 6 米
兽脚类,肉食性
白垩纪晚期
蒙古国

尾部肌肉强韧

前肢有 2 根手指

长长的腿部适合快速奔跑。身体轻盈,也许还能跳跃

有时也会向后踢击猎物

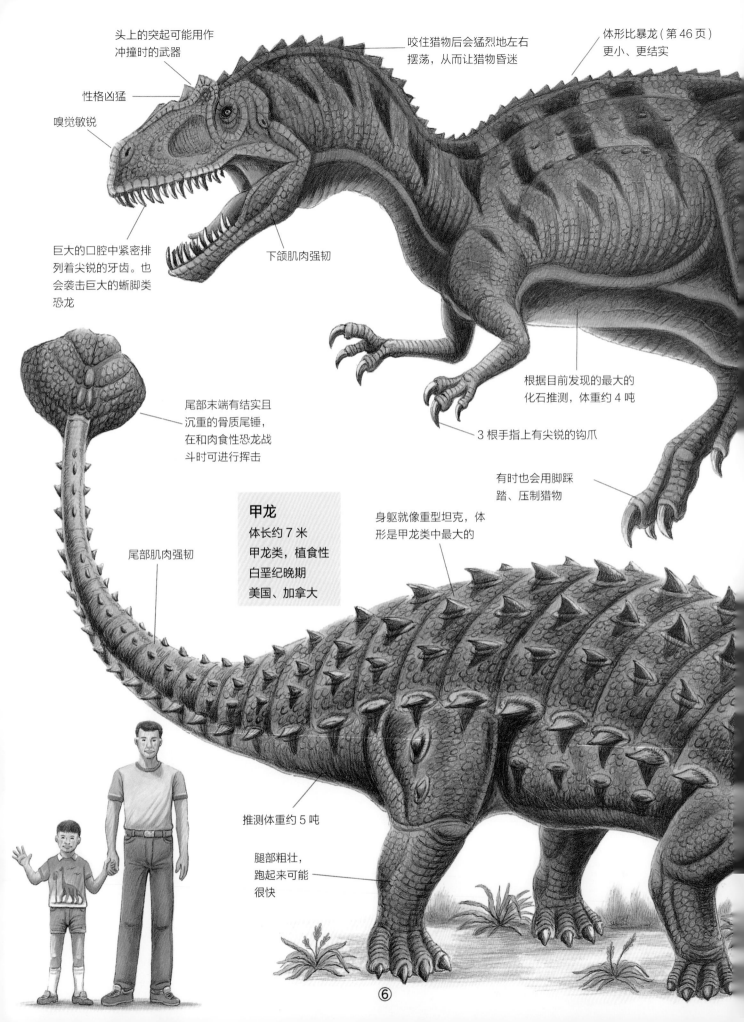

头上的突起可能用作
冲撞时的武器

咬住猎物后会猛烈地左右
摆荡，从而让猎物昏迷

体形比暴龙（第46页）
更小、更结实

性格凶猛

嗅觉敏锐

巨大的口腔中紧密排
列着尖锐的牙齿。也
会袭击巨大的蜥脚类
恐龙

下颌肌肉强韧

根据目前发现的最大的
化石推测，体重约4吨

3根手指上有尖锐的钩爪

尾部末端有结实且
沉重的骨质尾锤，
在和肉食性恐龙战
斗时可进行挥击

有时也会用脚踩
踏、压制猎物

甲龙
体长约7米
甲龙类，植食性
白垩纪晚期
美国、加拿大

身躯就像重型坦克，体
形是甲龙类中最大的

尾部肌肉强韧

推测体重约5吨

腿部粗壮，
跑起来可能
很快

身躯庞大，是侏罗纪时期最强大的肉食性恐龙之一

尾部肌肉强韧

异特龙
体长约 12 米
兽脚类，肉食性
侏罗纪晚期
美国、葡萄牙

会用长尾巴扫击猎物

能快速奔跑，但还没
有演化到像暴龙那样
善于奔跑

随着恐龙的成
长，这些棘刺
也会变大

巨大的头盾
像一块盾牌

可能长有威吓
敌人的纹饰

属于体形比三
角龙（第 52 页）
更小的角龙类

眼睛上方的角是
强而有力的武器

性格温驯

曾发现异特龙追
捕大型蜥脚类恐
龙的足迹化石

尾巴很短

布满棘刺的完美装甲

性格温驯

脸上也覆满
了铠甲

嗅觉敏锐

移动速度快

小巧的嘴部可以
取食低矮植物

嘴部的喙与鹦鹉的
很像，可以用来取
食低矮植物

喜欢栖息在有许多
沼泽的湿地

准角龙
体长约 5 米
角龙类，植食性
白垩纪晚期
加拿大

⑦

性格温驯，
群居生活

没有头冠

大鸭龙①
体长 9~12 米
鸭嘴龙类，植食性
白垩纪晚期
美国、加拿大

和现代鸟类一样，
长有发达的羽毛

能够轻盈地飞翔

鱼鸟
翼展约 40 厘米
鸟类，肉食性（主食鱼类）
白垩纪晚期
美国

① 近年来的研究认为大鸭龙是埃德蒙顿龙（第12页）的同物异名（即同一物种取了两个以上的名字），因此该分类目前已被废除。

嘴部有像鸭嘴
一样很宽的喙

有牙齿

以树叶、果实、水草为食。口中
紧密交错排列着大量的牙齿，可
将食物磨碎

栖息于海岸，
以鱼类为食

柔软的颈部

已发现其皮肤
的化石

有时也会前肢
着地，四足行走

可能会挥动长长的尾
巴和肉食性恐龙战斗

雌驼龙
体长约 1.5 米
兽脚类，杂食性
白垩纪晚期
蒙古国、中国

身上可能
有羽毛

头部形态奇特

移动速度很快

没有牙齿。可
能以蛋、贝类
或果实等为食

和窃蛋龙（第13页）
亲缘关系很近

有尖锐的钩爪

巨大的趾爪呈蹄状

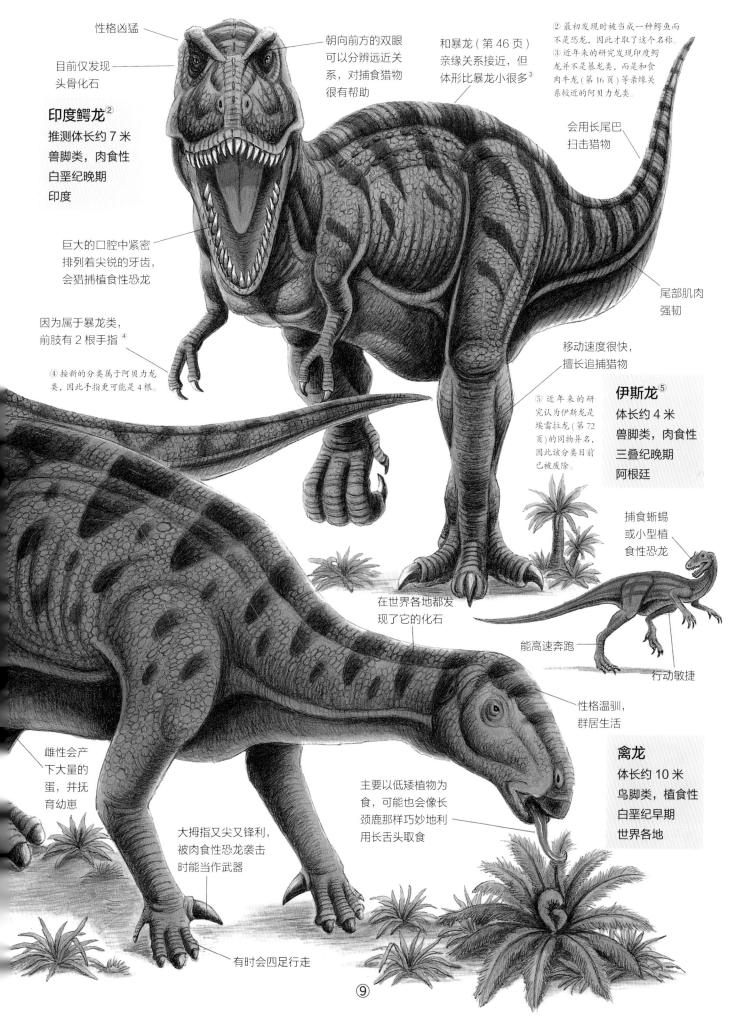

性格凶猛

目前仅发现
头骨化石

印度鳄龙②
推测体长约 7 米
兽脚类，肉食性
白垩纪晚期
印度

朝向前方的双眼
可以分辨远近关
系，对捕食猎物
很有帮助

和暴龙（第 46 页）
亲缘关系接近，但
体形比暴龙小很多③

② 最初发现时被当成一种鳄鱼而
不是恐龙，因此才取了这个名称。
③ 近年来的研究发现印度鳄
龙并不是暴龙类，而是和食
肉牛龙（第 16 页）等亲缘关
系较近的阿贝力龙类。

会用长尾巴
扫击猎物

巨大的口腔中紧密
排列着尖锐的牙齿，
会猎捕植食性恐龙

尾部肌肉
强韧

因为属于暴龙类，
前肢有 2 根手指④

④ 按新的分类属于阿贝力龙
类，因此手指更可能是 4 根。

移动速度很快，
擅长追捕猎物

⑤ 近年来的研
究认为伊斯龙是
埃雷拉龙（第 72
页）的同物异名，
因此该分类目前
已被废除。

伊斯龙⑤
体长约 4 米
兽脚类，肉食性
三叠纪晚期
阿根廷

捕食蜥蜴
或小型植
食性恐龙

在世界各地都发
现了它的化石

能高速奔跑

行动敏捷

性格温驯，
群居生活

雌性会产
下大量的
蛋，并抚
育幼崽

禽龙
体长约 10 米
鸟脚类，植食性
白垩纪早期
世界各地

大拇指又尖又锋利，
被肉食性恐龙袭击
时能当作武器

主要以低矮植物为
食，可能也会像长
颈鹿那样巧妙地利
用长舌头取食

有时会四足行走

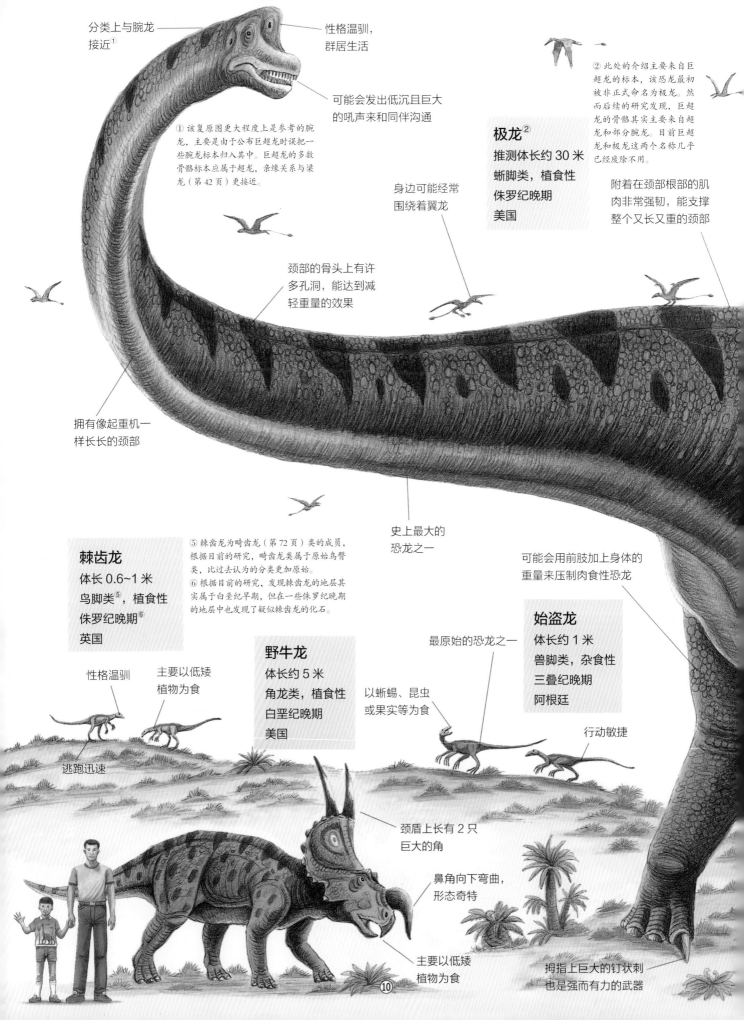

分类上与腕龙接近[1]

性格温驯，群居生活

可能会发出低沉且巨大的吼声来和同伴沟通

[1] 该复原图更大程度上是参考的腕龙，主要是由于公布巨超龙时误把一些腕龙标本归入其中。巨超龙的多数骨骼标本应属于超龙，亲缘关系与梁龙（第42页）更接近。

[2] 此处的介绍主要来自巨超龙的标本，该恐龙最初被非正式命名为极龙。然而后续的研究发现，巨超龙的骨骼其实主要来自超龙和部分腕龙。目前巨超龙和极龙这两个名称几乎已经废除不用。

极龙[2]
推测体长约30米
蜥脚类，植食性
侏罗纪晚期
美国

附着在颈部根部的肌肉非常强韧，能支撑整个又长又重的颈部

身边可能经常围绕着翼龙

颈部的骨头上有许多孔洞，能达到减轻重量的效果

拥有像起重机一样长长的颈部

[5] 棘齿龙为畸齿龙（第72页）类的成员，根据目前的研究，畸齿龙类属于原始鸟臀类，比过去认为的分类更加原始。
[6] 根据目前的研究，发现棘齿龙的地层其实属于白垩纪早期，但在一些侏罗纪晚期的地层中也发现了疑似棘齿龙的化石。

史上最大的恐龙之一

可能会用前肢加上身体的重量来压制肉食性恐龙

棘齿龙
体长0.6~1米
鸟脚类[5]，植食性
侏罗纪晚期[6]
英国

野牛龙
体长约5米
角龙类，植食性
白垩纪晚期
美国

最原始的恐龙之一

以蜥蜴、昆虫或果实等为食

始盗龙
体长约1米
兽脚类，杂食性
三叠纪晚期
阿根廷

性格温驯

主要以低矮植物为食

逃跑迅速

行动敏捷

颈盾上长有2只巨大的角

鼻角向下弯曲，形态奇特

主要以低矮植物为食

拇指上巨大的钉状刺也是强而有力的武器

嗅觉敏锐

身高可达 18 米，后肢站立时甚至超过 25 米 [4]

④ 该特征属于腕龙类，腕龙类颈部上扬，在高度上有很大优势。超龙等梁龙类恐龙的颈部则较为向前，略平行于地面。

每天会进食多达数吨的针叶树树叶

强韧的颈部肌肉

推测体重约 130 吨（相当于约 32 头成年亚洲象的重量）

在美国得克萨斯州发现了长约 2.4 米的肩胛骨化石 [3]

③ 该肩胛骨化石属于腕龙类的。

腿部又粗又长

属于小型的剑龙类

背上的骨板比较低矮

长有棘刺的尾巴是强而有力的武器

性格温驯

主要以低矮植物为食

乌尔禾龙

体长约 6 米，剑龙类，植食性
白垩纪早期，中国

⑪

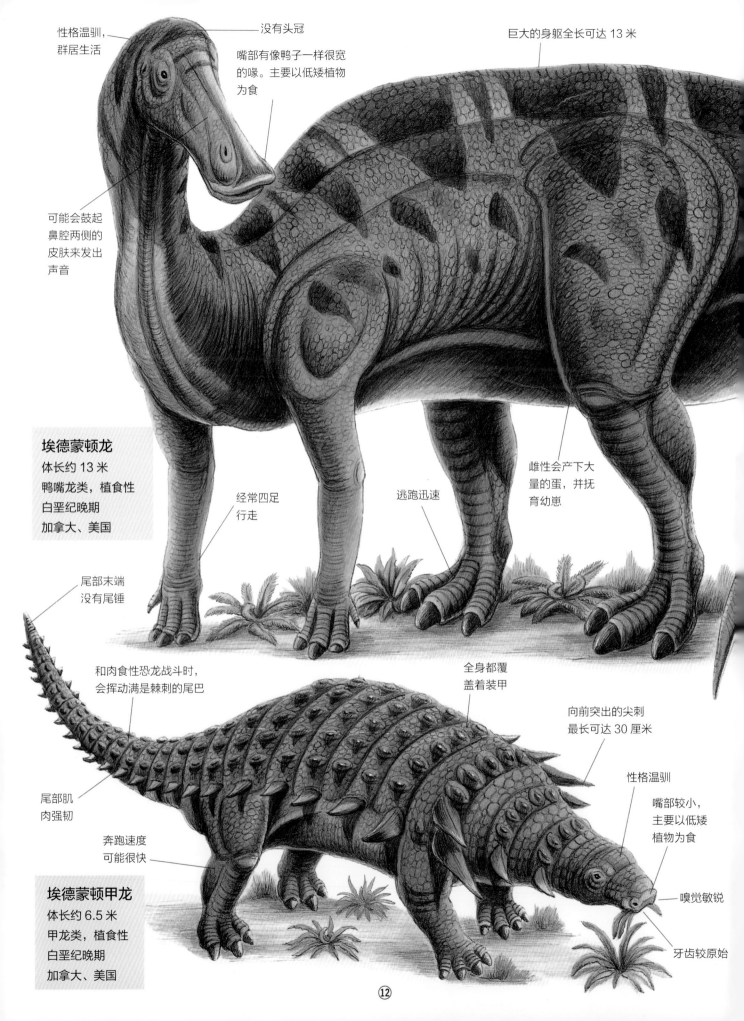

性格温驯，群居生活

没有头冠

巨大的身躯全长可达 13 米

嘴部有像鸭子一样很宽的喙。主要以低矮植物为食

可能会鼓起鼻腔两侧的皮肤来发出声音

埃德蒙顿龙
体长约 13 米
鸭嘴龙类，植食性
白垩纪晚期
加拿大、美国

经常四足行走

逃跑迅速

雌性会产下大量的蛋，并抚育幼崽

尾部末端没有尾锤

和肉食性恐龙战斗时，会挥动满是棘刺的尾巴

全身都覆盖着装甲

向前突出的尖刺最长可达 30 厘米

性格温驯

嘴部较小，主要以低矮植物为食

尾部肌肉强韧

奔跑速度可能很快

埃德蒙顿甲龙
体长约 6.5 米
甲龙类，植食性
白垩纪晚期
加拿大、美国

嗅觉敏锐

牙齿较原始

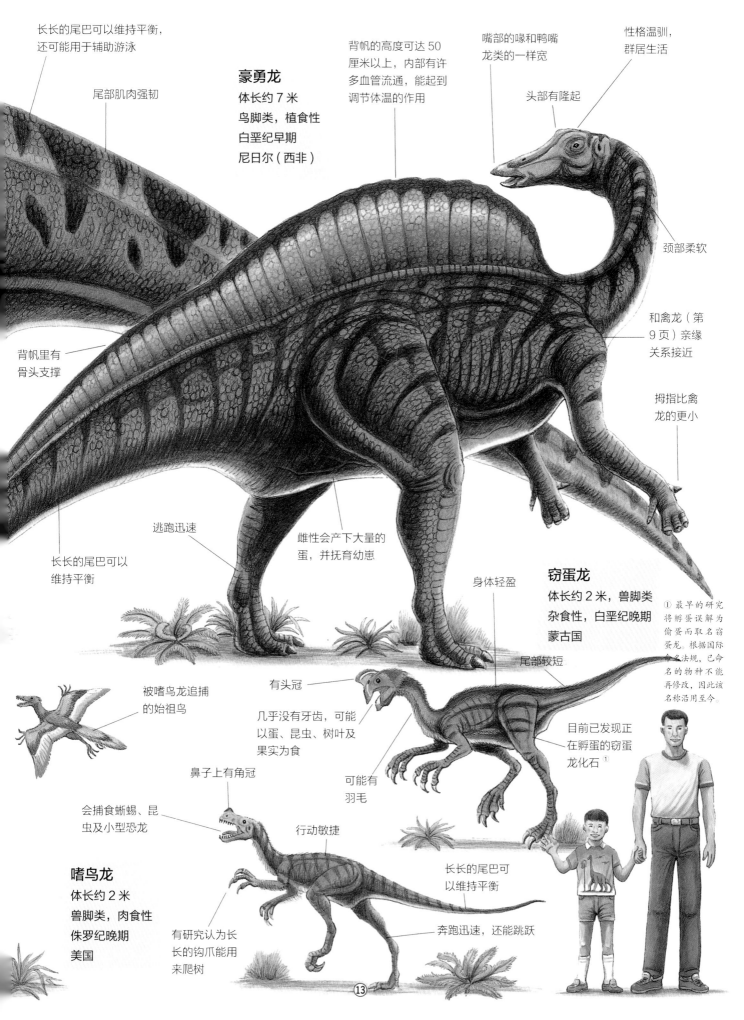

长长的尾巴可以维持平衡，
还可能用于辅助游泳

尾部肌肉强韧

豪勇龙
体长约 7 米
鸟脚类，植食性
白垩纪早期
尼日尔（西非）

背帆的高度可达 50
厘米以上，内部有许
多血管流通，能起到
调节体温的作用

嘴部的喙和鸭嘴
龙类的一样宽

性格温驯，
群居生活

头部有隆起

颈部柔软

背帆里有
骨头支撑

和禽龙（第
9 页）亲缘
关系接近

拇指比禽
龙的更小

逃跑迅速

长长的尾巴可以
维持平衡

雌性会产下大量的
蛋，并抚育幼崽

身体轻盈

窃蛋龙
体长约 2 米，兽脚类
杂食性，白垩纪晚期
蒙古国

尾部较短

① 最早的研究
将孵蛋误解为
偷蛋而取名窃
蛋龙。根据国际
命名法规，已命
名的物种不能
再修改，因此该
名称沿用至今。

目前已发现正
在孵蛋的窃蛋
龙化石 ①

被嗜鸟龙追捕
的始祖鸟

有头冠

几乎没有牙齿，可能
以蛋、昆虫、树叶及
果实为食

可能有
羽毛

鼻子上有角冠

会捕食蜥蜴、昆
虫及小型恐龙

行动敏捷

嗜鸟龙
体长约 2 米
兽脚类，肉食性
侏罗纪晚期
美国

有研究认为长
长的钩爪能用
来爬树

长长的尾巴
可以维持平衡

奔跑迅速，还能跳跃

属于颈部较
短的蜥脚类

性格温驯,
群居生活

头部形态奇特

像梳子般排列的
牙齿可以用来取
食针叶树或低矮
树丛的叶片

广泛分布于
世界各地

栖息于海岸,
捕鱼为食

身体轻盈

结实的身躯

颈部肌肉强韧

圆顶龙
体长约 18 米
蜥脚类,植食性
侏罗纪晚期
美国

四肢
粗壮

前肢有巨大的钉状刺,
在和肉食性恐龙战斗时
能派上用场

性格温驯

似鸟龙
体长约 3.5 米
兽脚类,杂食性
白垩纪晚期
美国、加拿大

脑容量大,可能很聪明

身形很像鸵鸟

长长的颈部

没有牙齿,以
蛋、昆虫或果
实等为食

跑起来
很快

① 根据目前的
研究,该恐龙属
于比鸟脚类更原
始的演化分支。

奔山龙
体长 2~2.5 米
鸟脚类①,植食性
白垩纪晚期
美国

已发掘出蛋与
胚胎的化石

长长的尾巴可
以维持平衡

长长的手指可
能用来抓取蛋
或果实

奔跑速度极快

性格温驯

主要以低矮
植物为食

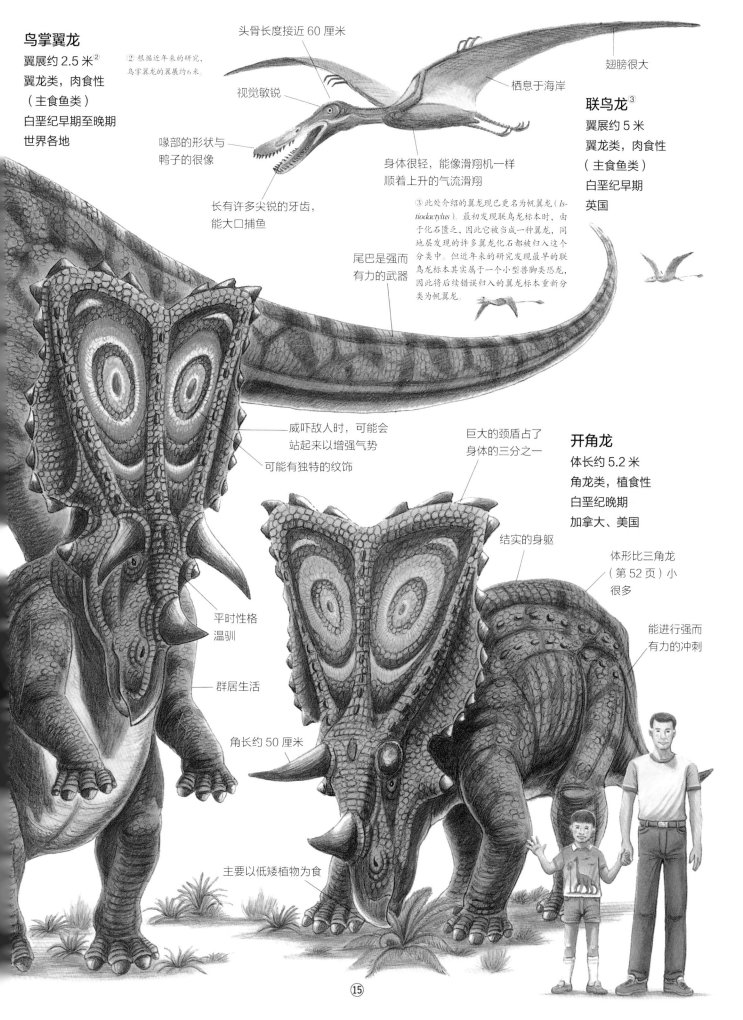

鸟掌翼龙
翼展约 2.5 米[2]
翼龙类，肉食性
（主食鱼类）
白垩纪早期至晚期
世界各地

② 根据近年来的研究，鸟掌翼龙的翼展约 6 米。

头骨长度接近 60 厘米

视觉敏锐

喙部的形状与鸭子的很像

长有许多尖锐的牙齿，能大口捕鱼

翅膀很大

栖息于海岸

身体很轻，能像滑翔机一样顺着上升的气流滑翔

联鸟龙[3]
翼展约 5 米
翼龙类，肉食性
（主食鱼类）
白垩纪早期
英国

③ 此处介绍的翼龙现已更名为帆翼龙（Istiodactylus）。最初发现联鸟龙标本时，由于化石匮乏，因此它被当成一种翼龙，同地层发现的许多翼龙化石都被归入这个分类中。但近年来的研究发现最早的联鸟龙标本其实属于一个小型兽脚类恐龙，因此将后续错误归入的翼龙标本重新分类为帆翼龙。

尾巴是强而有力的武器

威吓敌人时，可能会站起来以增强气势

可能有独特的纹饰

巨大的颈盾占了身体的三分之一

开角龙
体长约 5.2 米
角龙类，植食性
白垩纪晚期
加拿大、美国

结实的身躯

体形比三角龙（第 52 页）小很多

能进行强而有力的冲刺

平时性格温驯

群居生活

角长约 50 厘米

主要以低矮植物为食

⑮

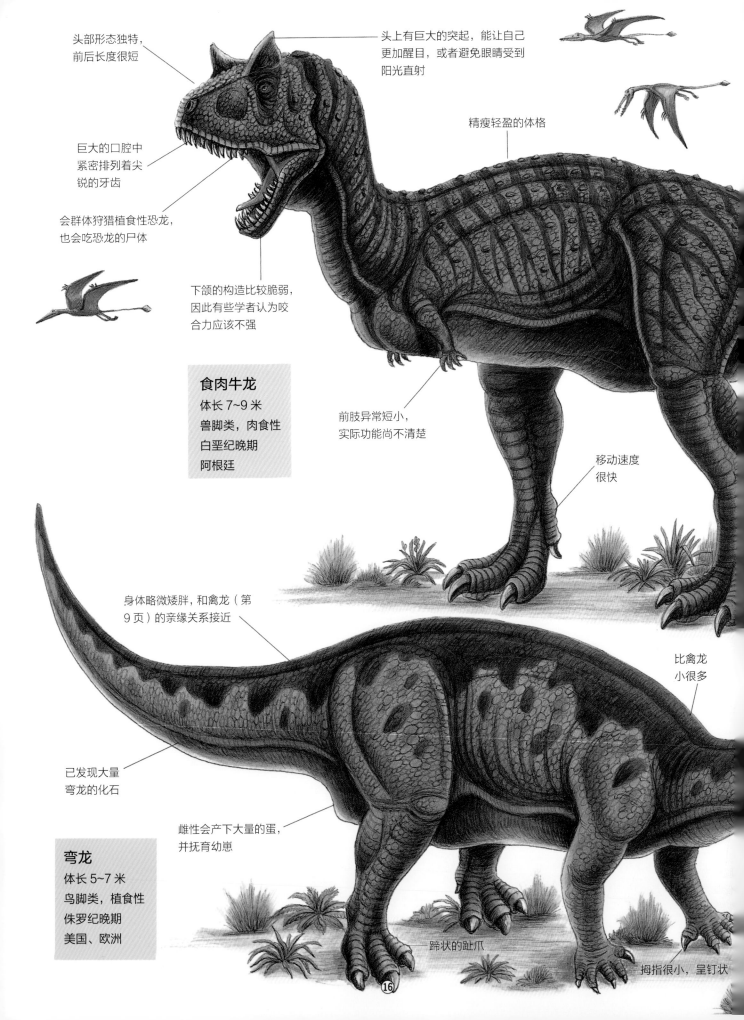

头部形态独特，
前后长度很短

头上有巨大的突起，能让自己
更加醒目，或者避免眼睛受到
阳光直射

精瘦轻盈的体格

巨大的口腔中
紧密排列着尖
锐的牙齿

会群体狩猎植食性恐龙，
也会吃恐龙的尸体

下颌的构造比较脆弱，
因此有些学者认为咬
合力应该不强

食肉牛龙
体长 7~9 米
兽脚类，肉食性
白垩纪晚期
阿根廷

前肢异常短小，
实际功能尚不清楚

移动速度
很快

身体略微矮胖，和禽龙（第
9 页）的亲缘关系接近

比禽龙
小很多

已发现大量
弯龙的化石

雌性会产下大量的蛋，
并抚育幼崽

弯龙
体长 5~7 米
鸟脚类，植食性
侏罗纪晚期
美国、欧洲

蹄状的趾爪

拇指很小，呈钉状

性格凶猛

头上的突起很像牛角

咬住猎物后会激烈摆荡，从而让猎物昏迷

曲颌形翼龙
翼展约 1.7 米
翼龙类，肉食性（主食鱼类）
侏罗纪早期，德国

能够轻盈地飞翔

长长的尾巴

又长又尖锐的牙齿可以用来捕鱼

与喙嘴龙（第 84 页）亲缘关系很近

肌肉强健

可能会用长尾巴扫击猎物

尾部肌肉强韧

可能会向后踢击猎物

身体轻盈，因此可能会跳跃

彩蛇龙
体长约 2 米
兽脚类，杂食性
白垩纪晚期
澳大利亚

有研究认为这种恐龙和鸟类的演化关系很近，因此可能有羽毛

长长的尾巴可以维持平衡

腿部很长，奔跑速度很快

行动敏捷

性格温驯，群居生活

没有牙齿①

① 彩蛇龙标本仅有一个破碎的后肢，因此在分类上有极大争议。此处的复原图主要参考的是窃蛋龙类。

嘴部呈喙状

脸颊内可以储藏许多食物慢慢咀嚼

主要以低矮植物为食

能够跳跃

以昆虫、蜥蜴、小型哺乳类、果实等为食

鲨齿龙
体长约 12 米
兽脚类，肉食性
白垩纪晚期
摩洛哥（北非）

身边可能经常围绕着许多翼龙及鸟类

1995 年发现于撒哈拉沙漠①

① 最早的鲨齿龙化石由德国古生物学家于 1927 年发掘，目前多数标本都已损毁。

尾部肌肉强韧

会用强壮的长尾巴扫击猎物

推测体重 6~7 吨

在日本群马县也发现了似鸡龙（别名"山中龙"）尾部骨头的化石②

② 该化石保存不完整，虽然能确定是似鸟龙类，但是否属于似鸡龙仍存在争议。

似鸡龙
体长 3~5 米
兽脚类
杂食性
白垩纪晚期
蒙古国

脑容量大，可能很聪明

视力很好

没有牙齿。以蛋、昆虫、果实等为食

长长的颈部

长长的尾巴可以维持平衡

笔直伸长的尾巴

可能是最大的似鸟龙类

有时也会用脚踩踏、压制猎物

似金翅鸟龙
体长约 3 米
兽脚类
杂食性
白垩纪晚期
蒙古国

视力很好

没有牙齿

最古老且原始的似鸟龙类③

名称中的"金翅鸟"源自印度神话中的一种巨鸟

长长的手指可能用于抓取蛋或果实

足部很长，奔跑速度惊人

奔跑迅速

③ 目前已发现了更古老的鸟类，并且根据最新分类，似金翅鸟龙及其近亲属于似鸟龙类的另一个分支。

巨大的身躯全长可达 14 米，是最大的肉食性恐龙之一

生活在 9000 万年前的非洲

和南方巨兽龙（第 20 页）亲缘关系很近

头骨长约 1.6 米，甚至比暴龙（第 46 页）的还长

性格凶猛

头骨的宽度比暴龙的更窄

强韧的下颌肌肉

嗅觉敏锐

名称源自像鲨鱼一样又薄又尖锐的牙齿

咬合力惊人，能对猎物造成极大的伤害，有时也会吃腐肉

手臂虽然小，但力量惊人

3 根手指

有时也会向后踢击猎物

属于斑龙（第 79 页）类中的小型肉食性恐龙 [4]

④ 由于化石材料破碎不全，目前正确的分类归属仍有争议。

长长的尾巴可以维持平衡

性格凶猛

嗅觉敏锐

会用长尾巴扫击猎物

口腔中排列着尖锐的牙齿。可能会群体狩猎大型的植食性恐龙

生活在 1 亿 6000 万年前的中国

长长的尾巴可以维持平衡

气龙
体长约 4 米
兽脚类，肉食性
侏罗纪中期
中国

在肉食性恐龙中，前肢相对身体的比例来说算比较大的

3 根手指

奔跑迅速

长 1.8 米的巨大头骨，甚至比暴龙（第 46 页）的还长 30 厘米

性格凶猛

视力很好

咬住猎物后会激烈摆荡，从而让猎物昏迷

头骨上有许多孔洞，能起到减轻重量的作用

口腔中紧密排列着尖锐的牙齿，但牙齿比暴龙（第 46 页）的还要薄，因此许多学者认为南方巨兽龙只吃猎物的肉和内脏，而不会啃食骨头

可能会袭击像阿根廷龙（第 3 页）那样超大型的蜥脚类恐龙

强健的下颌肌肉

南方巨兽龙
体长 13~15 米
兽脚类，肉食性
白垩纪晚期
阿根廷

手臂力量很强

3 根手指上都有尖锐的钩爪

手臂比暴龙的大很多

头上有奇特的冠饰，可能用于吸引异性

有些研究认为冰脊龙和双嵴龙（第 47 页）有很近的亲缘关系

头冠很像"飞机头"，因此绰号叫"侏罗纪的猫王"①

①"飞机头"是一种发型。美国歌手猫王（埃尔维斯·普雷斯利）是二十世纪五六十年代"飞机头"热潮的鼻祖。——编者注

体格结实

口腔中排列着尖锐的牙齿。会捕食小型的植食性恐龙

虽然没发现手指的化石，但应该有 3 根手指

当时的南极大陆还是冈瓦纳古陆的一部分，冰脊龙就生活在这里②

②侏罗纪时期地球主要分成两个大陆，即北方的劳亚古陆和南方的冈瓦纳古陆。可参照第 92~93 页。

有时也会向后踢击猎物

身体轻盈，跑起来应该很快

冰脊龙
体长约 7 米
兽脚类，肉食性
侏罗纪早期
南极大陆

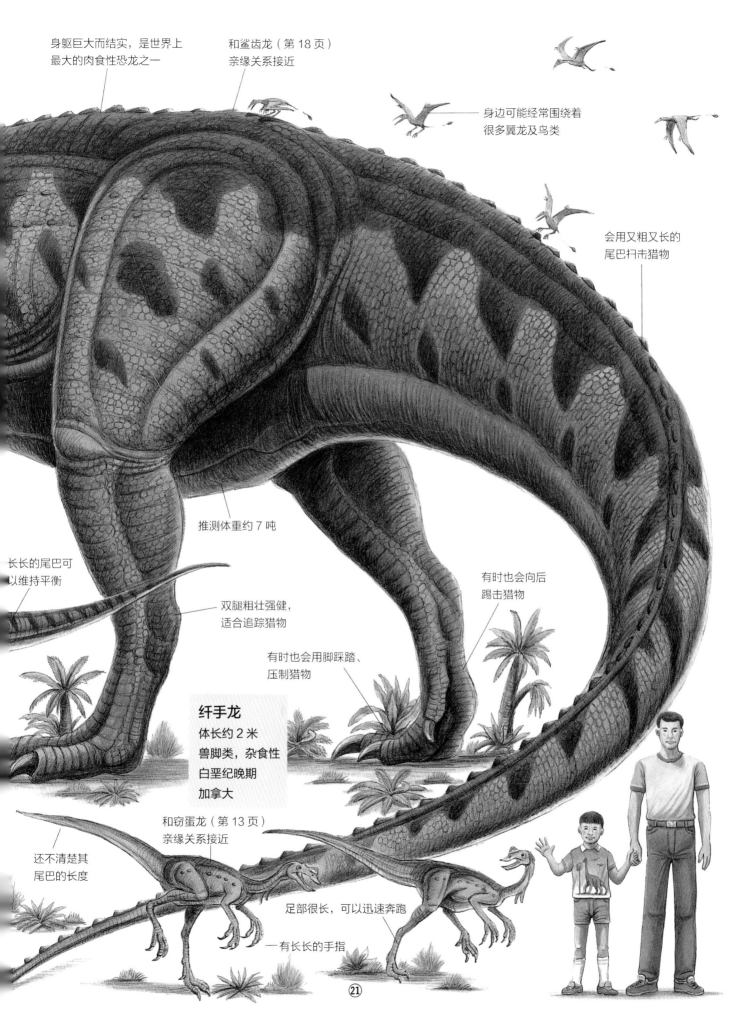

身躯巨大而结实，是世界上最大的肉食性恐龙之一

和鲨齿龙（第 18 页）亲缘关系接近

身边可能经常围绕着很多翼龙及鸟类

会用又粗又长的尾巴扫击猎物

推测体重约 7 吨

长长的尾巴可以维持平衡

双腿粗壮强健，适合追踪猎物

有时也会向后踢击猎物

有时也会用脚踩踏、压制猎物

纤手龙
体长约 2 米
兽脚类，杂食性
白垩纪晚期
加拿大

和窃蛋龙（第 13 页）亲缘关系接近

还不清楚其尾巴的长度

足部很长，可以迅速奔跑

有长长的手指

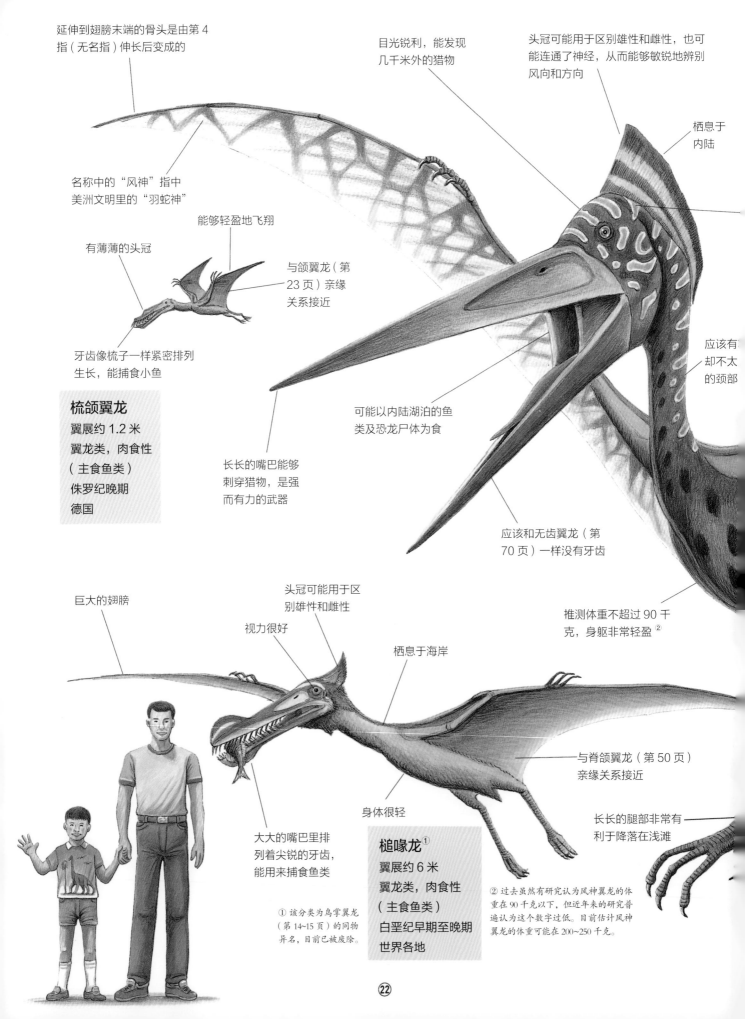

延伸到翅膀末端的骨头是由第4指（无名指）伸长后变成的

目光锐利，能发现几千米外的猎物

头冠可能用于区别雄性和雌性，也可能连通了神经，从而能够敏锐地辨别风向和方向

栖息于内陆

名称中的"风神"指中美洲文明里的"羽蛇神"

能够轻盈地飞翔

有薄薄的头冠

与颌翼龙（第23页）亲缘关系接近

牙齿像梳子一样紧密排列生长，能捕食小鱼

可能以内陆湖泊的鱼类及恐龙尸体为食

应该有却不太的颈部

梳颌翼龙
翼展约1.2米
翼龙类，肉食性
（主食鱼类）
侏罗纪晚期
德国

长长的嘴巴能够刺穿猎物，是强而有力的武器

应该和无齿翼龙（第70页）一样没有牙齿

推测体重不超过90千克，身躯非常轻盈[2]

巨大的翅膀

头冠可能用于区别雄性和雌性

视力很好

栖息于海岸

与脊颌翼龙（第50页）亲缘关系接近

大大的嘴巴里排列着尖锐的牙齿，能用来捕食鱼类

身体很轻

长长的腿部非常有利于降落在浅滩

槌喙龙[1]
翼展约6米
翼龙类，肉食性
（主食鱼类）
白垩纪早期至晚期
世界各地

① 该分类为鸟掌翼龙（第14~15页）的同物异名，目前已被废除。

② 过去虽然有研究认为风神翼龙的体重在90千克以下，但近年来的研究普遍认为这个数字过低。目前估计风神翼龙的体重可能在200~250千克。

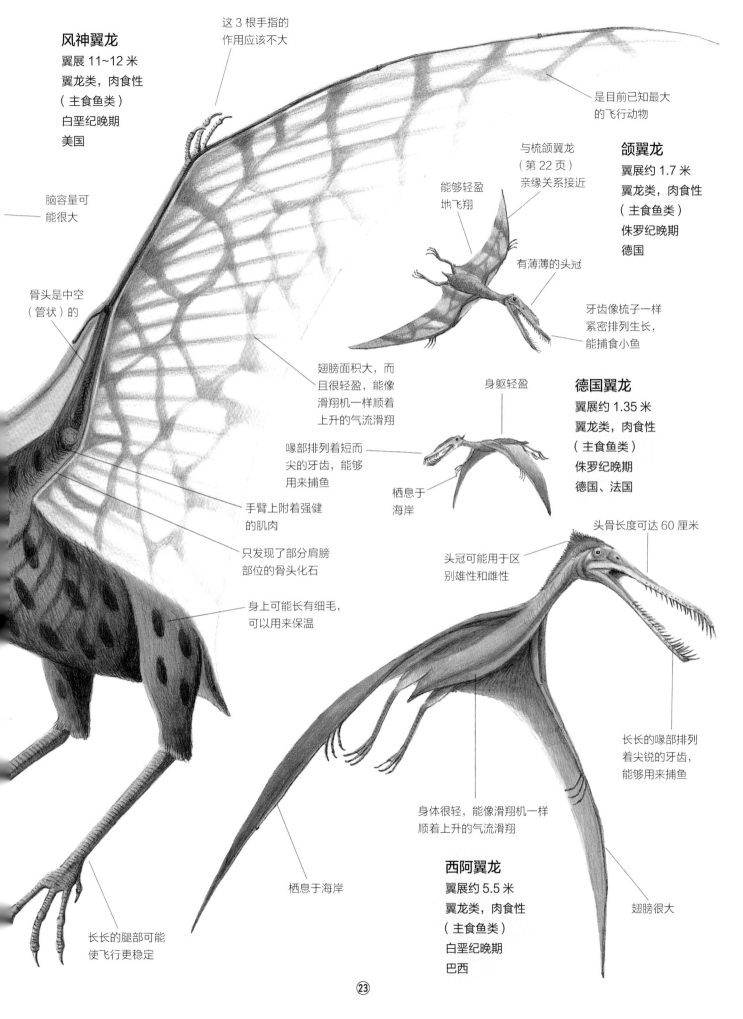

风神翼龙
翼展 11~12 米
翼龙类，肉食性
（主食鱼类）
白垩纪晚期
美国

这 3 根手指的
作用应该不大

是目前已知最大
的飞行动物

脑容量可
能很大

骨头是中空
（管状）的

与梳颌翼龙
（第 22 页）
亲缘关系接近

能够轻盈
地飞翔

颌翼龙
翼展约 1.7 米
翼龙类，肉食性
（主食鱼类）
侏罗纪晚期
德国

有薄薄的头冠

牙齿像梳子一样
紧密排列生长，
能捕食小鱼

翅膀面积大，而
且很轻盈，能像
滑翔机一样顺着
上升的气流滑翔

身躯轻盈

德国翼龙
翼展约 1.35 米
翼龙类，肉食性
（主食鱼类）
侏罗纪晚期
德国、法国

喙部排列着短而
尖的牙齿，能够
用来捕鱼

栖息于
海岸

手臂上附着强健
的肌肉

只发现了部分肩膀
部位的骨头化石

头骨长度可达 60 厘米

头冠可能用于区
别雄性和雌性

身上可能长有细毛，
可以用来保温

长长的喙部排列
着尖锐的牙齿，
能够用来捕鱼

身体很轻，能像滑翔机一样
顺着上升的气流滑翔

栖息于海岸

西阿翼龙
翼展约 5.5 米
翼龙类，肉食性
（主食鱼类）
白垩纪晚期
巴西

翅膀很大

长长的腿部可能
使飞行更稳定

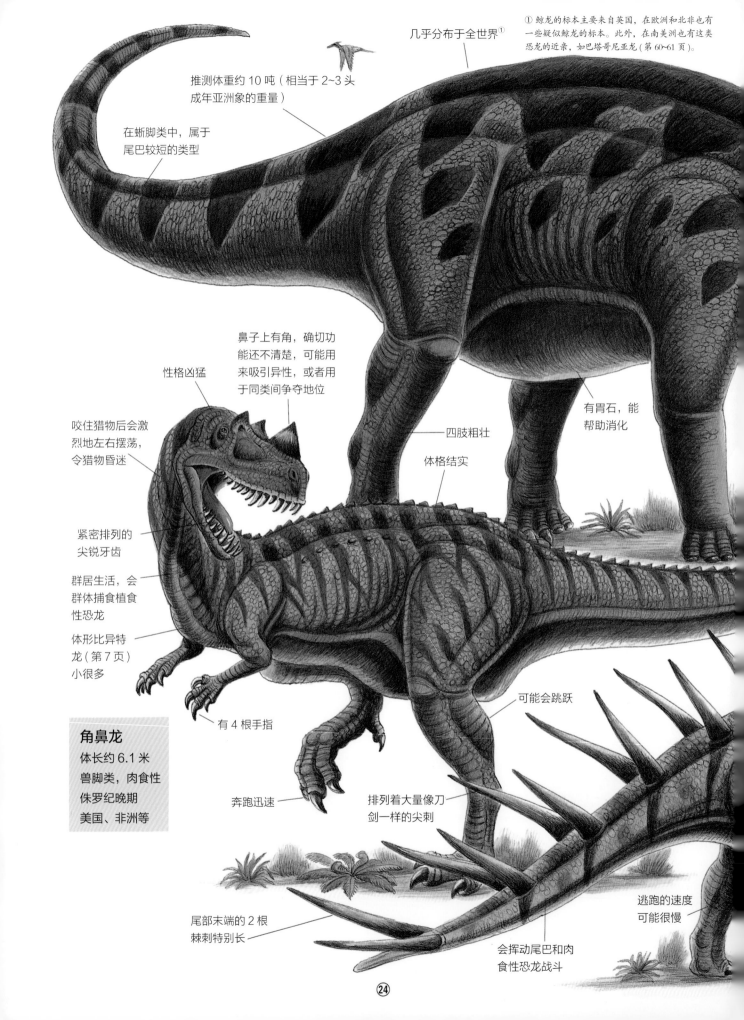

几乎分布于全世界①

① 鲸龙的标本主要来自英国，在欧洲和北非也有一些疑似鲸龙的标本。此外，在南美洲也有这类恐龙的近亲，如巴塔哥尼亚龙（第60~61页）。

推测体重约 10 吨（相当于 2~3 头成年亚洲象的重量）

在蜥脚类中，属于尾巴较短的类型

鼻子上有角，确切功能还不清楚，可能用来吸引异性，或者用于同类间争夺地位

性格凶猛

咬住猎物后会激烈地左右摆荡，令猎物昏迷

四肢粗壮

体格结实

有胃石，能帮助消化

紧密排列的尖锐牙齿

群居生活，会群体捕食植食性恐龙

体形比异特龙（第 7 页）小很多

有 4 根手指

可能会跳跃

角鼻龙
体长约 6.1 米
兽脚类，肉食性
侏罗纪晚期
美国、非洲等

奔跑迅速

排列着大量像刀剑一样的尖刺

逃跑的速度可能很慢

尾部末端的 2 根棘刺特别长

会挥动尾巴和肉食性恐龙战斗

名称的含义是"像鲸鱼一样的恐龙"②

② 鲸龙是最早被发现的蜥脚类恐龙，最初它被认为是一种水生动物。

属于脖子很短的蜥脚类

性格温驯，群居生活

每天要吃大量的针叶树树叶

颈部的骨头上有许多孔洞，能减轻重量

鲸龙
体长 14~18 米
蜥脚类，植食性
侏罗纪中期至晚期
欧洲西部、非洲北部

前肢的拇指上有大大的钉状刺，在和肉食性恐龙战斗时能作为武器

长长的尾巴可以维持平衡

身体轻盈，行动敏捷

性格凶猛

嘴部虽然小，但其中排列着尖锐的牙齿

以蜥蜴、小型哺乳类及小型植食性恐龙为食

会用手抓取猎物

虚骨龙
体长约 2 米
兽脚类，肉食性
侏罗纪晚期
美国

移动速度很快

腔骨龙
体长约 2.5 米
兽脚类，肉食性
三叠纪晚期
美国

会用长尾巴扫击猎物

这些板子内部有骨头支撑

以蜥蜴、小型哺乳类及小型植食性恐龙为食

腹中发现了幼体的化石，表明它们可能会同类相食，但也可能是怀有身孕

性格凶猛

在美国新墨西哥州里奥阿里巴县发现了其大量化石，因此过去也被称为"里奥阿里巴龙"

嘴巴很小。主要以低矮植物为食

性格温驯

肩膀处也有巨大的棘刺

有尖锐的钩爪

移动速度很快

孔子鸟
体长约 50 厘米
鸟类，杂食性
白垩纪早期
中国

口部有角质喙，这在始祖鸟身上还没有演化出来

钉状龙
体长约 5 米
剑龙类，植食性
侏罗纪晚期
坦桑尼亚（东非）

行动敏捷

比始祖鸟更接近现代的鸟类

没有牙齿

盔龙
体长 9~10 米
鸭嘴龙类，植食性
白垩纪晚期
加拿大

拥有半月形的头冠。这个头冠内部连接鼻孔，可能会提高嗅觉敏锐度。此外，也有观点认为当空气流过头冠时，头冠能发出像圆号那样的响声，它们以此来和同伴沟通

名称的含义是"戴着头盔的恐龙"

口中有超过 600 颗牙齿，能磨碎植物

身体结实

组成大集群生活

性格温驯

脸颊处有袋状空间

有蹄状趾爪

有时会四足行走

宽阔的喙状嘴。主要以低矮植物为食

生存模式可能和现代的豺狼或鬣狗类似

可能主要以死掉恐龙的腐肉为食

行动敏捷

美颌龙
体长约 1 米
兽脚类，肉食性
侏罗纪晚期
德国、法国

① 最初发现的美颌龙标本只有 2 根手指，但后续更多化石出土后发现美颌龙其实有 3 根手指。
② 目前的研究认为尾羽龙和窃蛋龙（第 13 页）亲缘关系比较近，并不属于鸟类。
③ 过去认为尾羽龙生存的年代可能是侏罗纪晚期，但经过更精密的地质年代测定后发现该地层属于白垩纪早期，因此实际上它比始祖鸟出现得要晚。

巧鳄龙
体长约 2 米
兽脚类，肉食性
白垩纪晚期
印度

牙齿虽然很小，但很尖锐

大小和现代的鸡差不多，是最小的恐龙之一

长长的尾巴可以维持平衡

有 2 根手指①

以昆虫或蜥蜴等小动物为食

生存年代比始祖鸟（第 3 页）更久远③

钩爪尖锐

虽然不会飞，但行动敏捷

移动速度很快

尾羽龙
体长约 1 米
鸟类②，杂食性
白垩纪早期，中国

行动敏捷

以昆虫或蜥蜴为食

有羽毛

1998 年发现于中国

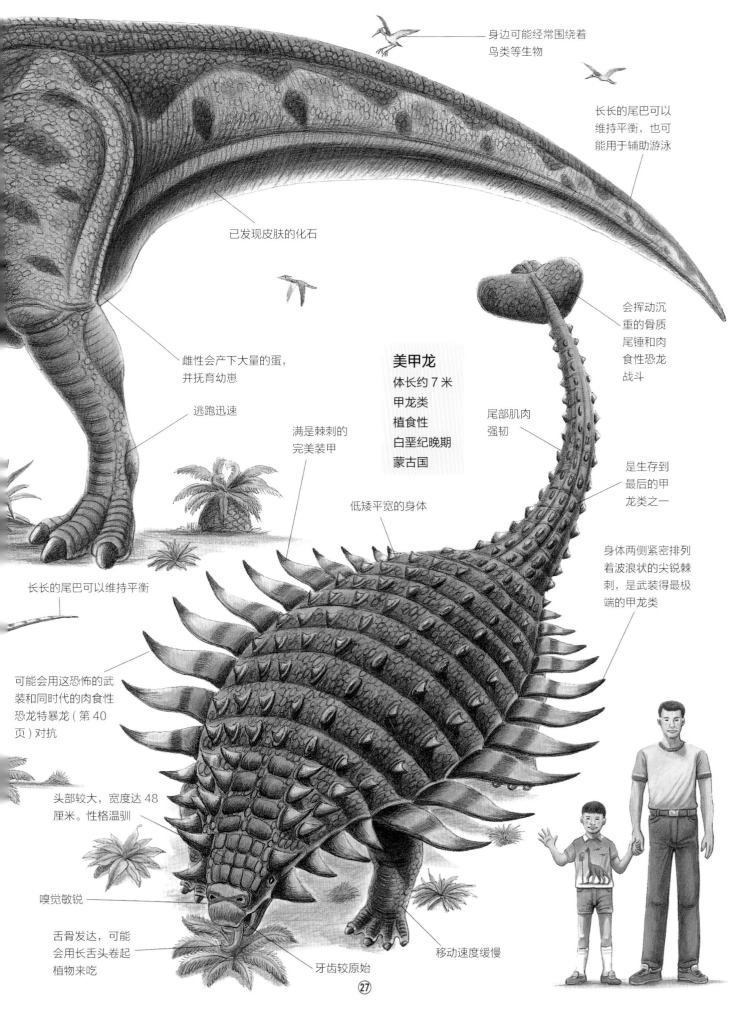

身边可能经常围绕着
鸟类等生物

长长的尾巴可以
维持平衡，也可
能用于辅助游泳

已发现皮肤的化石

会挥动沉
重的骨质
尾锤和肉
食性恐龙
战斗

雌性会产下大量的蛋，
并抚育幼崽

美甲龙
体长约 7 米
甲龙类
植食性
白垩纪晚期
蒙古国

尾部肌肉
强韧

逃跑迅速

满是棘刺的
完美装甲

低矮平宽的身体

是生存到
最后的甲
龙类之一

身体两侧紧密排列
着波浪状的尖锐棘
刺，是武装得最极
端的甲龙类

长长的尾巴可以维持平衡

可能会用这恐怖的武
装和同时代的肉食性
恐龙特暴龙（第 40
页）对抗

头部较大，宽度达 48
厘米。性格温驯

嗅觉敏锐

舌骨发达，可能
会用长舌头卷起
植物来吃

牙齿较原始

移动速度缓慢

㉗

在和肉食性恐龙战斗时，会挥动像鞭子一样的长尾巴

尾部末端没有尾锤

分类上属于泰坦巨龙（第42页）类

身边经常围绕着鸟类，可能会帮它除掉寄生虫

尾部肌肉强韧

会挥动长有尖锐棘刺的尾巴和肉食性恐龙战斗

是比较原始的甲龙类

体形平宽

蜥结龙
体长约6米
甲龙类
植食性
白垩纪早期
美国

背上的装甲中有大量铆钉状的突起

沉重又结实的身躯

身体的两侧有巨大的棘刺

尾部肌肉强韧

跑起来也许很快

性格温驯

嗅觉灵敏

口部很小

主要以低矮植物为食

背上有装甲一样的骨板，上面还有铆钉状的突起，推测能抵御食肉牛龙（第16页）等肉食性恐龙的攻击

性格温驯

属于脖子很短的蜥脚类

会食用大量的低矮植物、针叶树树叶

是生存到恐龙时代最末期的蜥脚类

萨尔塔龙
体长约 12.2 米
蜥脚类，植食性
白垩纪晚期
阿根廷

有胃石

拇指的钉状刺在和肉食性恐龙战斗时能派上用场

鄯善龙
体长约 1.8 米
兽脚类，肉食性
白垩纪晚期
中国

以蜥蜴、昆虫、小型哺乳类等为食

双手可以抓取食物

笔直伸长的尾巴可以维持平衡

行动敏捷

奔跑迅速

脑容量大，可能很聪明

以蜥蜴、小型哺乳类、昆虫等为食

颈部修长

笔直伸长的尾巴可以维持平衡

手指可以灵敏地抓取食物

有巨大的钩爪

奔跑迅速

蜥鸟龙
体长约 2 米，兽脚类
肉食性，白垩纪晚期
蒙古国

跳龙
体长约 60 厘米
兽脚类，肉食性
三叠纪晚期
英国

行动敏捷

以昆虫、蜥蜴等为食

群居生活

大小和现代的鸡差不多

奔跑迅速

长长的尾巴可以维持平衡

㉙

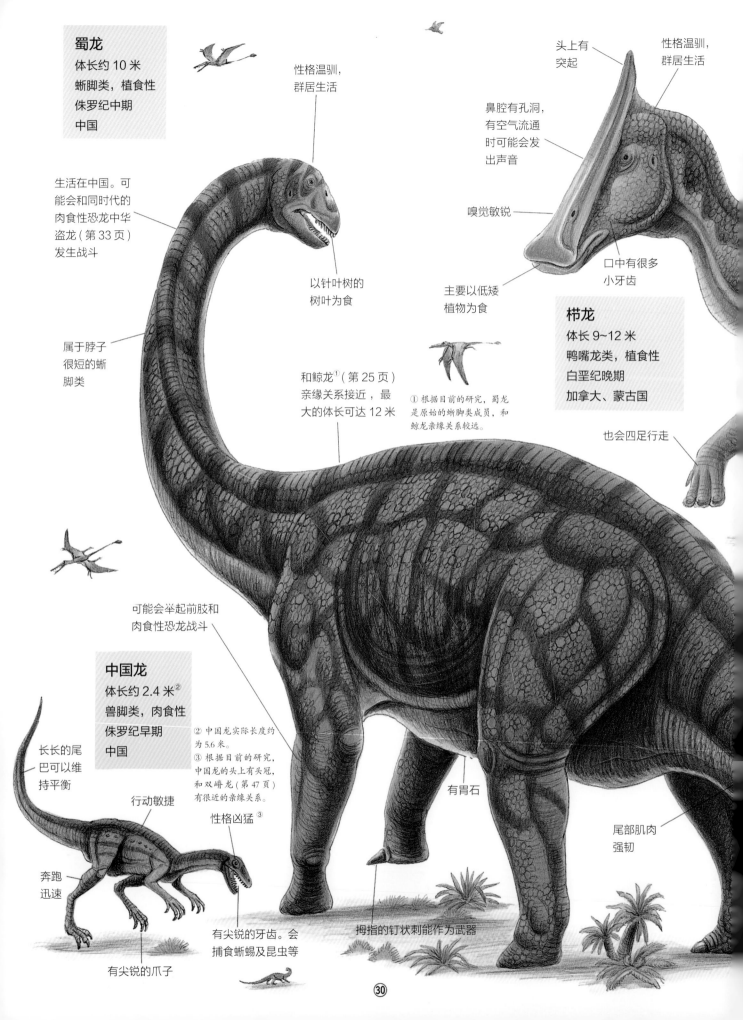

蜀龙
体长约 10 米
蜥脚类，植食性
侏罗纪中期
中国

头上有突起

性格温驯，群居生活

性格温驯，群居生活

鼻腔有孔洞，有空气流通时可能会发出声音

生活在中国。可能会和同时代的肉食性恐龙中华盗龙（第 33 页）发生战斗

嗅觉敏锐

以针叶树的树叶为食

主要以低矮植物为食

口中有很多小牙齿

属于脖子很短的蜥脚类

栉龙
体长 9~12 米
鸭嘴龙类，植食性
白垩纪晚期
加拿大、蒙古国

和鲸龙[1]（第 25 页）亲缘关系接近，最大的体长可达 12 米

① 根据目前的研究，蜀龙是原始的蜥脚类成员，和鲸龙亲缘关系较远。

也会四足行走

可能会举起前肢和肉食性恐龙战斗

中国龙
体长约 2.4 米[2]
兽脚类，肉食性
侏罗纪早期
中国

② 中国龙实际长度约为 5.6 米。
③ 根据目前的研究，中国龙的头上有头冠，和双嵴龙（第 47 页）有很近的亲缘关系。

长长的尾巴可以维持平衡

行动敏捷

性格凶猛[3]

有胃石

尾部肌肉强韧

奔跑迅速

有尖锐的牙齿。会捕食蜥蜴及昆虫等

有尖锐的爪子

拇指的钉状刺能作为武器

体格结实

身边可能经常围绕着鸟类

尾部肌肉强韧

长长的尾巴可以维持平衡

长长的尾巴可能有助于游泳

雌性会产下大量的蛋，并抚育幼崽

逃跑迅速

脑容量大

可能是原始的伤齿龙（第51页）类

以蜥蜴或昆虫等为食

体格精瘦

尾部末端没有尾锤

全身都覆盖着装甲

属于小型的甲龙类

排列着尖锐的棘刺

移动迅速，行动敏捷

林木龙
体长约 4 米
甲龙类，植食性
白垩纪中期
美国

中国鸟脚龙
体长约 1.2 米
兽脚类，肉食性
白垩纪早期
中国（内蒙古）

尾巴是强而有力的武器

性格温驯

棘刺略微向下生长

主要以低矮植物为食

尾部末端有骨质的尾锤，被肉食性恐龙袭击时能挥舞反击

雄性可能会用
冠饰吸引雌性

体长可达 15 米，是
最大的鸭嘴龙类之一

性格温驯，群居生活

柔软的颈部

嗅觉敏锐

脸颊处有
袋状结构

嘴部有像鸭子
一样很宽的喙

主要以低矮植物为
食。口中有非常多
的小牙齿，能将植
物磨碎食用

推测体重约 18 吨（相当于
4~5 头成年亚洲象的重量）

有时也会
四足行走

又长又尖
的棘刺

推测体重 2~3 吨

体格结实，体形
比三角龙（第 52
页）小很多

是武装得
最华丽的
角龙

尾巴很短

角上覆盖的角
质层很发达，
因此实际的角
长可能很惊人

移动速度快，能进
行强而有力的冲刺

戟龙
体长约 5.5 米
角龙类，植食性
白垩纪晚期
加拿大、美国

主要以低矮
植物为食

长长的尾巴可以维持平衡

山东龙
体长约 15 米
鸭嘴龙类，植食性
白垩纪晚期
中国

身边可能经常围绕着鸟类

发现于中国的山东省，由此得名

长长的尾巴是强而有力的武器

尾部很宽，可能有助于游泳

中华盗龙
体长约 7.6 米
兽脚类，肉食性
侏罗纪晚期
中国

性格凶猛。头上的突起很低

公布于 1994 年

形态接近永川龙（第 83 页），但体形更小

嘴巴里紧密排列着尖锐的牙齿。可能会成群袭击巨大的植食性恐龙

身体轻盈，奔跑速度应该很快

有时也会向后踢击猎物

有 3 根尖锐的钩爪

合踝龙
体长 2~3 米
兽脚类，肉食性
三叠纪晚期
津巴布韦
（非洲南部）

可能长有羽毛

行动敏捷

长长的尾巴可以维持平衡

以昆虫或蜥蜴等为食

㉝

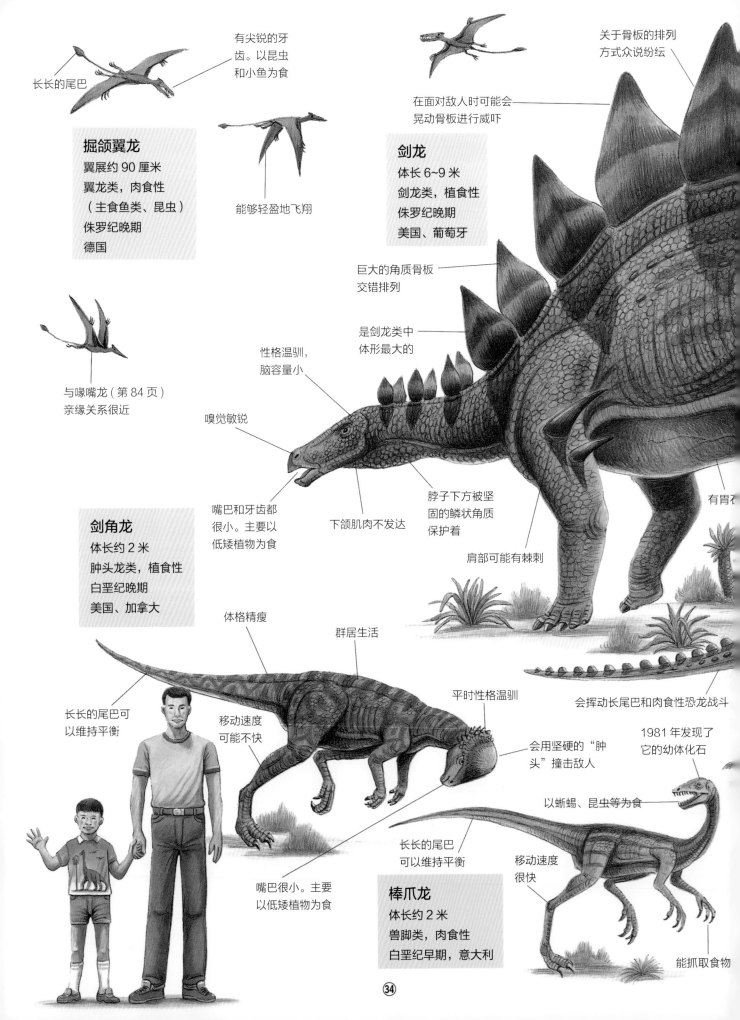

长长的尾巴

有尖锐的牙齿。以昆虫和小鱼为食

掘颌翼龙
翼展约 90 厘米
翼龙类，肉食性
（主食鱼类、昆虫）
侏罗纪晚期
德国

能够轻盈地飞翔

与喙嘴龙（第 84 页）
亲缘关系很近

关于骨板的排列
方式众说纷纭

在面对敌人时可能会
晃动骨板进行威吓

剑龙
体长 6~9 米
剑龙类，植食性
侏罗纪晚期
美国、葡萄牙

巨大的角质骨板
交错排列

是剑龙类中
体形最大的

性格温驯，
脑容量小

嗅觉敏锐

脖子下方被坚
固的鳞状角质
保护着

有胃石

嘴巴和牙齿都
很小。主要以
低矮植物为食

下颌肌肉不发达

肩部可能有棘刺

剑角龙
体长约 2 米
肿头龙类，植食性
白垩纪晚期
美国、加拿大

体格精瘦

群居生活

平时性格温驯

会挥动长尾巴和肉食性恐龙战斗

长长的尾巴可
以维持平衡

移动速度
可能不快

会用坚硬的"肿
头"撞击敌人

1981 年发现了
它的幼体化石

以蜥蜴、昆虫等为食

长长的尾巴
可以维持平衡

移动速度
很快

嘴巴很小。主要
以低矮植物为食

棒爪龙
体长约 2 米
兽脚类，肉食性
白垩纪早期，意大利

能抓取食物

㉞

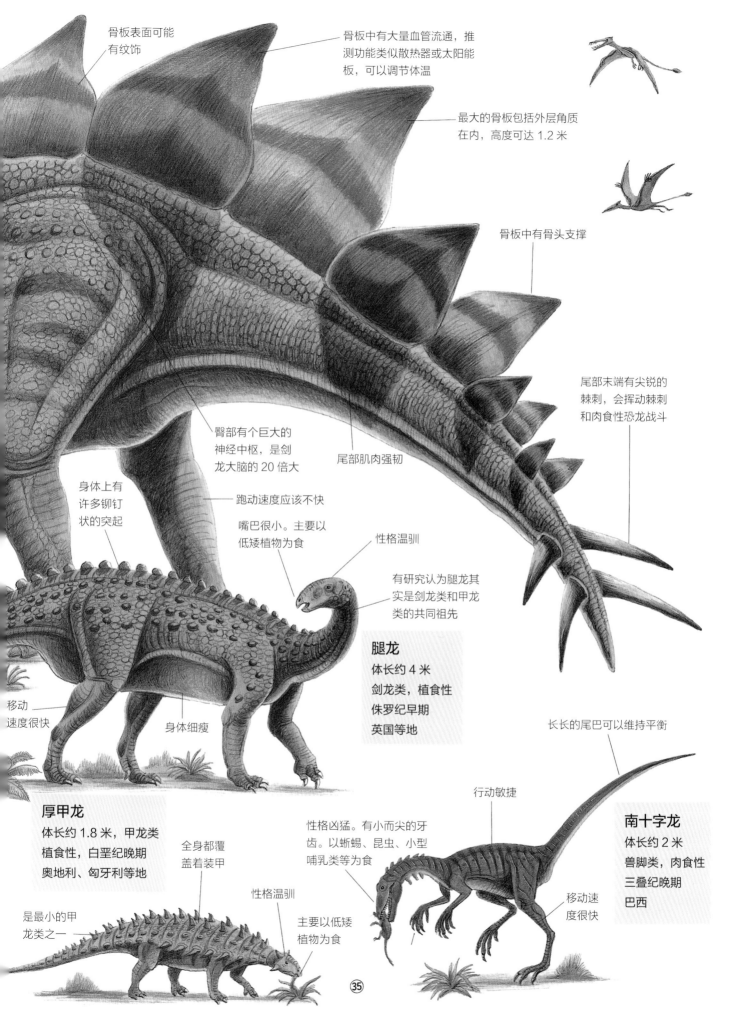

骨板表面可能
有纹饰

骨板中有大量血管流通，推
测功能类似散热器或太阳能
板，可以调节体温

最大的骨板包括外层角质
在内，高度可达 1.2 米

骨板中有骨头支撑

臀部有个巨大的
神经中枢，是剑
龙大脑的 20 倍大

尾部肌肉强韧

尾部末端有尖锐的
棘刺，会挥动棘刺
和肉食性恐龙战斗

身体上有
许多铆钉
状的突起

跑动速度应该不快

嘴巴很小。主要以
低矮植物为食

性格温驯

有研究认为腿龙其
实是剑龙类和甲龙
类的共同祖先

移动
速度很快

身体细瘦

腿龙
体长约 4 米
剑龙类，植食性
侏罗纪早期
英国等地

长长的尾巴可以维持平衡

行动敏捷

厚甲龙
体长约 1.8 米，甲龙类
植食性，白垩纪晚期
奥地利、匈牙利等地

全身都覆
盖着装甲

性格凶猛。有小而尖的牙
齿。以蜥蜴、昆虫、小型
哺乳类等为食

南十字龙
体长约 2 米
兽脚类，肉食性
三叠纪晚期
巴西

性格温驯

是最小的甲
龙类之一

主要以低矮
植物为食

移动速
度很快

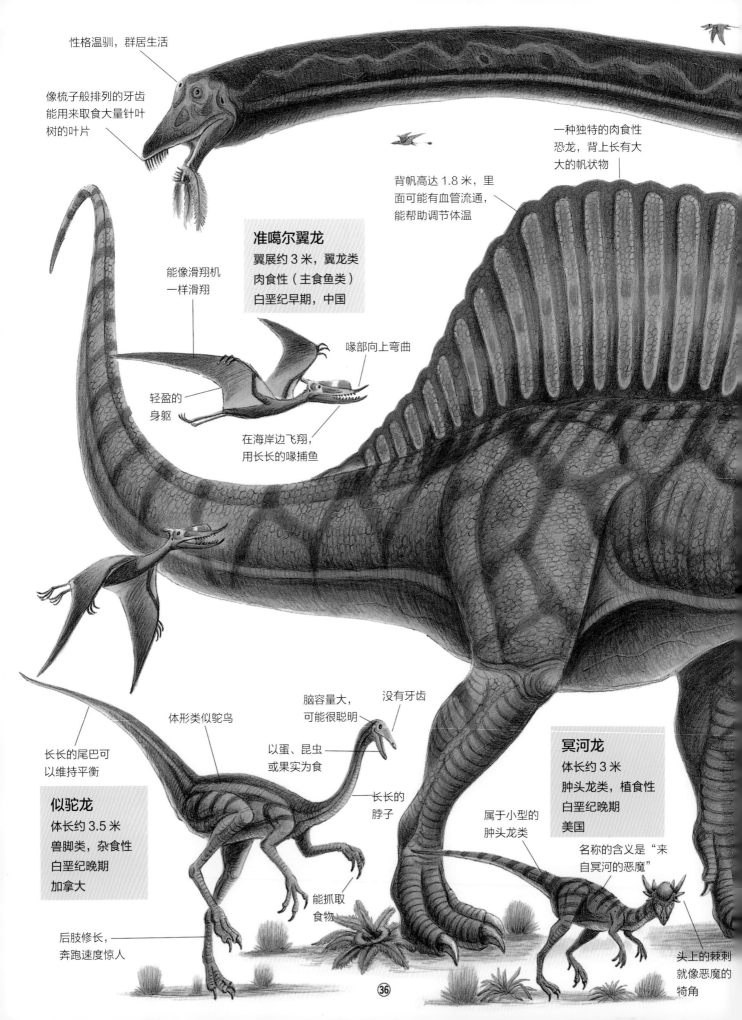

性格温驯，群居生活

像梳子般排列的牙齿
能用来取食大量针叶
树的叶片

一种独特的肉食性
恐龙，背上长有大
大的帆状物

背帆高达 1.8 米，里
面可能有血管流通，
能帮助调节体温

准噶尔翼龙
翼展约 3 米，翼龙类
肉食性（主食鱼类）
白垩纪早期，中国

能像滑翔机
一样滑翔

喙部向上弯曲

轻盈的
身躯

在海岸边飞翔，
用长长的喙捕鱼

脑容量大，
可能很聪明

没有牙齿

体形类似鸵鸟

以蛋、昆虫
或果实为食

长长的
脖子

长长的尾巴可
以维持平衡

冥河龙
体长约 3 米
肿头龙类，植食性
白垩纪晚期
美国

似驼龙
体长约 3.5 米
兽脚类，杂食性
白垩纪晚期
加拿大

属于小型的
肿头龙类

名称的含义是"来
自冥河的恶魔"

能抓取
食物

后肢修长，
奔跑速度惊人

头上的棘刺
就像恶魔的
犄角

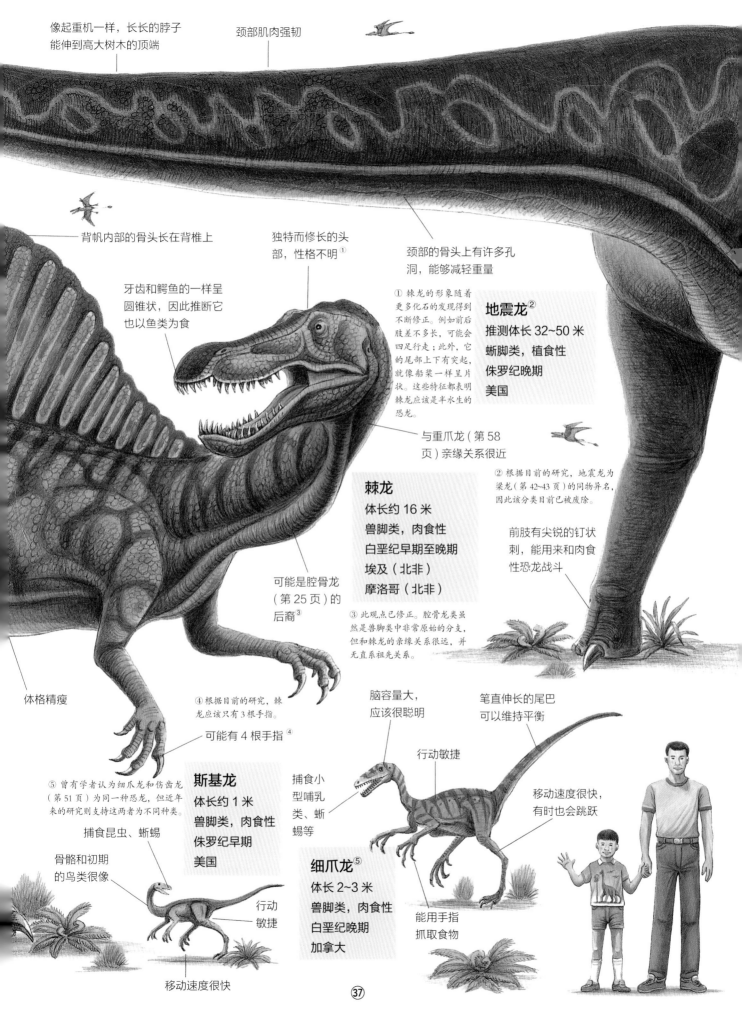

像起重机一样，长长的脖子能伸到高大树木的顶端

颈部肌肉强韧

背帆内部的骨头长在背椎上

独特而修长的头部，性格不明①

颈部的骨头上有许多孔洞，能够减轻重量

牙齿和鳄鱼的一样呈圆锥状，因此推断它也以鱼类为食

① 棘龙的形象随着更多化石的发现得到不断修正。例如前后肢差不多长，可能会四足行走；此外，它的尾部上下有突起，就像船桨一样呈片状。这些特征都表明棘龙应该是半水生的恐龙。

地震龙②
推测体长 32~50 米
蜥脚类，植食性
侏罗纪晚期
美国

与重爪龙（第58页）亲缘关系很近

② 根据目前的研究，地震龙为梁龙（第42~43页）的同物异名，因此该分类目前已被废除。

棘龙
体长约 16 米
兽脚类，肉食性
白垩纪早期至晚期
埃及（北非）
摩洛哥（北非）

前肢有尖锐的钉状刺，能用来和肉食性恐龙战斗

可能是腔骨龙（第25页）的后裔③

③ 此观点已修正。腔骨龙类虽然是兽脚类中非常原始的分支，但和棘龙的亲缘关系很远，并无直系祖先关系。

体格精瘦

④ 根据目前的研究，棘龙应该只有3根手指。

可能有 4 根手指④

脑容量大，应该很聪明

笔直伸长的尾巴可以维持平衡

行动敏捷

⑤ 曾有学者认为细爪龙和伤齿龙（第51页）为同一种恐龙，但近年来的研究则支持这两者为不同种类。

捕食小型哺乳类、蜥蜴等

移动速度很快，有时也会跳跃

捕食昆虫、蜥蜴

斯基龙
体长约 1 米
兽脚类，肉食性
侏罗纪早期
美国

骨骼和初期的鸟类很像

行动敏捷

细爪龙⑤
体长 2~3 米
兽脚类，肉食性
白垩纪晚期
加拿大

能用手指抓取食物

移动速度很快

体长最长的蜥脚类恐龙

名称的含义是"使大地震动的恐龙"

为了吃到高处的枝叶，可能会用后肢站立

有胃石，能够帮助消化食物

已发现大量能证明它们进行群体迁徙的化石

体形比白犀牛略大

尖角龙
体长 5.5~6 米
角龙类，植食性
白垩纪晚期
加拿大、美国

颈盾上有许多形状奇特的突起

长长的角是强而有力的武器

尾巴很短

主要以低矮植物为食

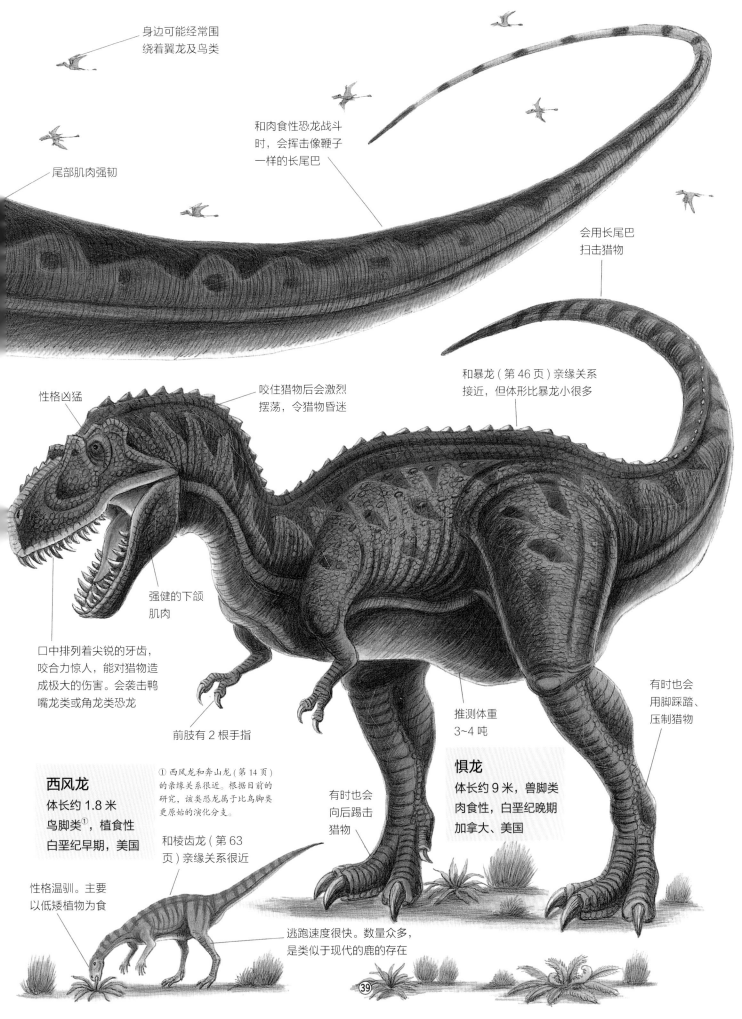

身边可能经常围
绕着翼龙及鸟类

和肉食性恐龙战斗
时，会挥击像鞭子
一样的长尾巴

尾部肌肉强韧

会用长尾巴
扫击猎物

性格凶猛

咬住猎物后会激烈
摆荡，令猎物昏迷

和暴龙（第 46 页）亲缘关系
接近，但体形比暴龙小很多

强健的下颌
肌肉

口中排列着尖锐的牙齿，
咬合力惊人，能对猎物造
成极大的伤害。会袭击鸭
嘴龙类或角龙类恐龙

前肢有 2 根手指

推测体重
3~4 吨

有时也会
用脚踩踏、
压制猎物

西风龙
体长约 1.8 米
鸟脚类①，植食性
白垩纪早期，美国

① 西风龙和奔山龙（第 14 页）
的亲缘关系很近。根据目前的
研究，该类恐龙属于比鸟脚类
更原始的演化分支。

和棱齿龙（第 63
页）亲缘关系很近

惧龙
体长约 9 米，兽脚类
肉食性，白垩纪晚期
加拿大、美国

性格温驯。主要
以低矮植物为食

有时也会
向后踢击
猎物

逃跑速度很快。数量众多，
是类似于现代的鹿的存在

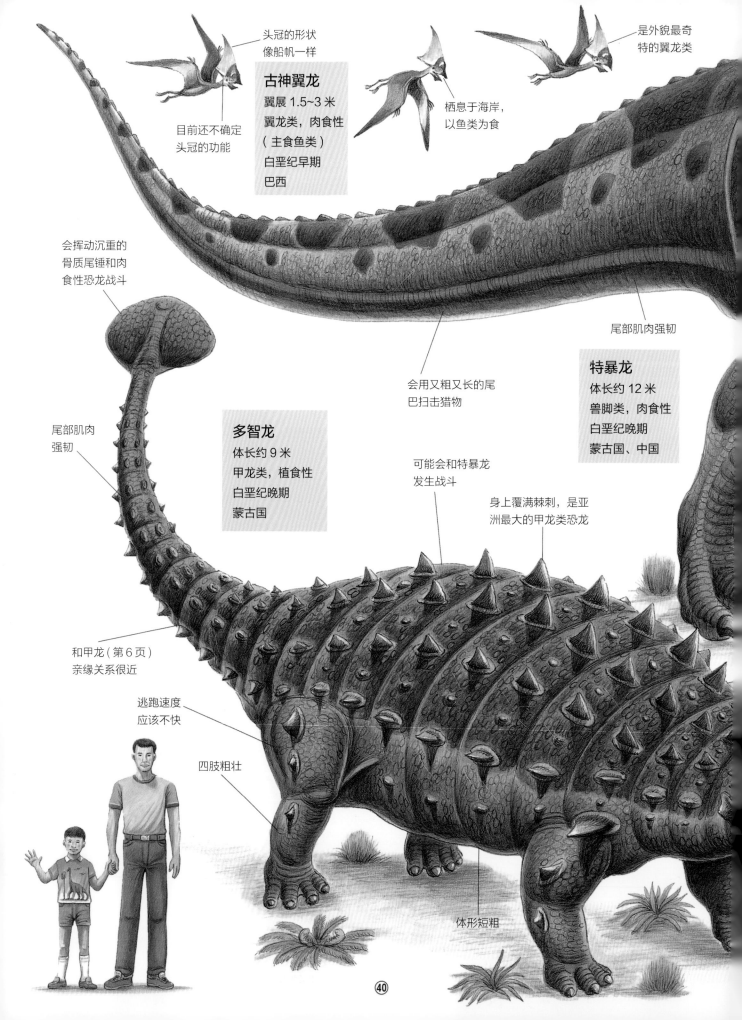

头冠的形状
像船帆一样

是外貌最奇
特的翼龙类

古神翼龙
翼展 1.5~3 米
翼龙类，肉食性
（主食鱼类）
白垩纪早期
巴西

栖息于海岸，
以鱼类为食

目前还不确定
头冠的功能

会挥动沉重的
骨质尾锤和肉
食性恐龙战斗

尾部肌肉强韧

特暴龙
体长约 12 米
兽脚类，肉食性
白垩纪晚期
蒙古国、中国

尾部肌肉
强韧

会用又粗又长的尾
巴扫击猎物

多智龙
体长约 9 米
甲龙类，植食性
白垩纪晚期
蒙古国

可能会和特暴龙
发生战斗

身上覆满棘刺，是亚
洲最大的甲龙类恐龙

和甲龙（第 6 页）
亲缘关系很近

逃跑速度
应该不快

四肢粗壮

体形短粗

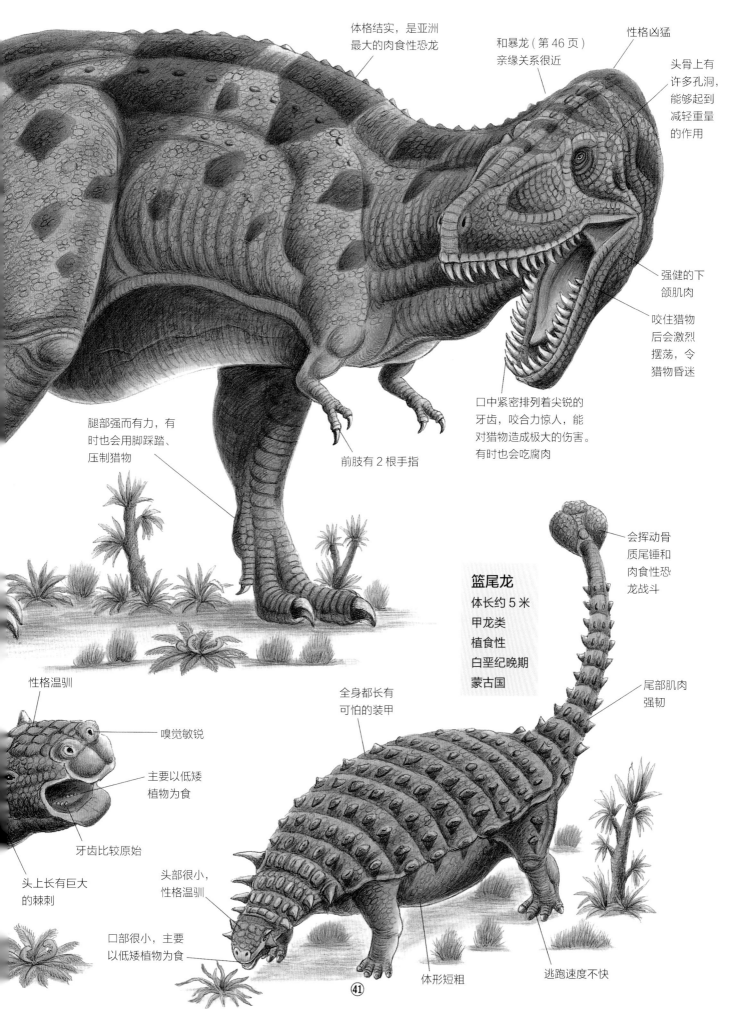

体格结实，是亚洲
最大的肉食性恐龙

和暴龙（第 46 页）
亲缘关系很近

性格凶猛

头骨上有
许多孔洞，
能够起到
减轻重量
的作用

强健的下
颌肌肉

咬住猎物
后会激烈
摆荡，令
猎物昏迷

口中紧密排列着尖锐的
牙齿，咬合力惊人，能
对猎物造成极大的伤害。
有时也会吃腐肉

腿部强而有力，有
时也会用脚踩踏、
压制猎物

前肢有 2 根手指

性格温驯

嗅觉敏锐

主要以低矮
植物为食

牙齿比较原始

头上长有巨大
的棘刺

头部很小，
性格温驯

口部很小，主要
以低矮植物为食

全身都长有
可怕的装甲

会挥动骨
质尾锤和
肉食性恐
龙战斗

篮尾龙
体长约 5 米
甲龙类
植食性
白垩纪晚期
蒙古国

尾部肌肉
强韧

体形短粗

逃跑速度不快

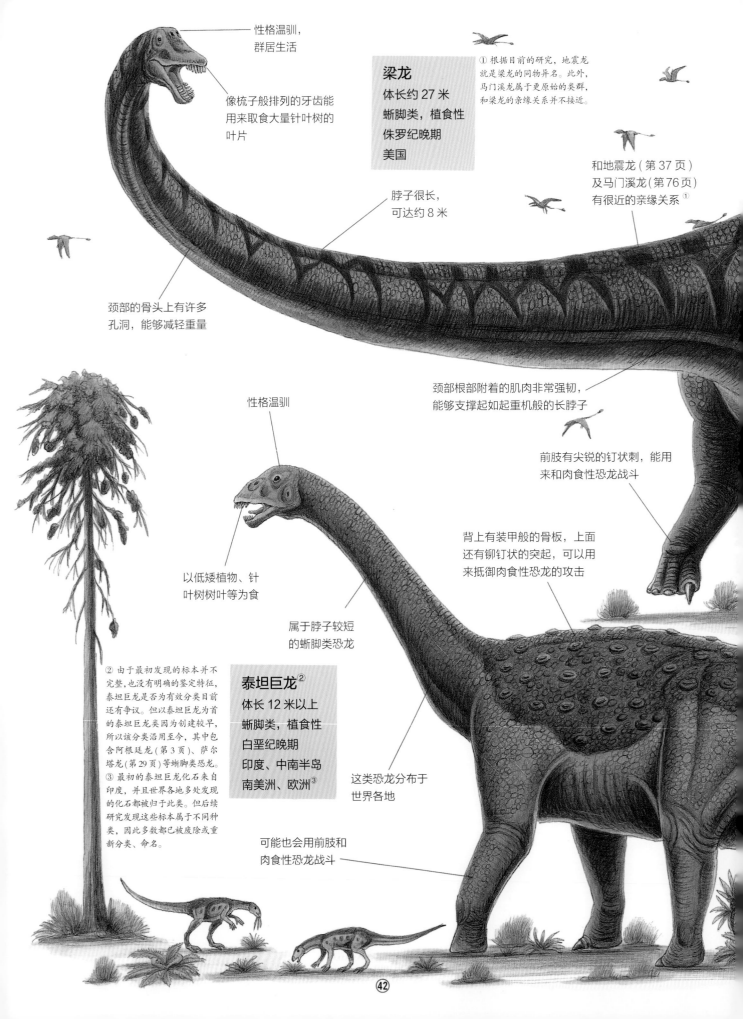

性格温驯，
群居生活

像梳子般排列的牙齿能
用来取食大量针叶树的
叶片

颈部的骨头上有许多
孔洞，能够减轻重量

梁龙
体长约 27 米
蜥脚类，植食性
侏罗纪晚期
美国

脖子很长，
可达约 8 米

① 根据目前的研究，地震龙
就是梁龙的同物异名。此外，
马门溪龙属于更原始的类群，
和梁龙的亲缘关系并不接近。

和地震龙（第 37 页）
及马门溪龙（第 76 页）
有很近的亲缘关系①

颈部根部附着的肌肉非常强韧，
能够支撑起如起重机般的长脖子

性格温驯

以低矮植物、针
叶树树叶等为食

属于脖子较短
的蜥脚类恐龙

前肢有尖锐的钉状刺，能用
来和肉食性恐龙战斗

背上有装甲般的骨板，上面
还有铆钉状的突起，可以用
来抵御肉食性恐龙的攻击

② 由于最初发现的标本并不
完整，也没有明确的鉴定特征，
泰坦巨龙是否为有效分类目前
还有争议。但以泰坦巨龙为首
的泰坦巨龙类因为创建较早，
所以该分类沿用至今，其中包
含阿根廷龙(第 3 页)、萨尔
塔龙(第 29 页)等蜥脚类恐龙。
③ 最初的泰坦巨龙化石来自
印度，并且世界各地多处发现
的化石都被归于此类。但后续
研究发现这些标本属于不同种
类，因此多数都已被废除或重
新分类、命名。

泰坦巨龙②
体长 12 米以上
蜥脚类，植食性
白垩纪晚期
印度、中南半岛
南美洲、欧洲③

这类恐龙分布于
世界各地

可能也会用前肢和
肉食性恐龙战斗

身边可能经常围绕着翼龙等生物

体格结实

和肉食性恐龙战斗时，会挥击像鞭子一样的长尾巴

头上有个奇特的突起，可能是雄性用来吸引雌性的装饰

嘴部有像鸭子一样很宽的喙。以低矮植物、高大树木的树叶等为食

性格温驯，群居生活

和栉龙（第30页）体形相近

手臂力量很强

尾部肌肉强韧

有胃石

发现于中国山东省青岛市，由此得名

青岛龙
体长约 10 米
鸭嘴龙类
植食性
白垩纪晚期
中国

雌性会产下大量的蛋，并抚育幼崽

逃跑速度很快

和萨尔塔龙（第29页）亲缘关系接近

名称来源于希腊神话中的巨人"泰坦神族"

强韧的尾巴

和肉食性恐龙战斗时，会挥击像鞭子一样的长尾巴

㊸

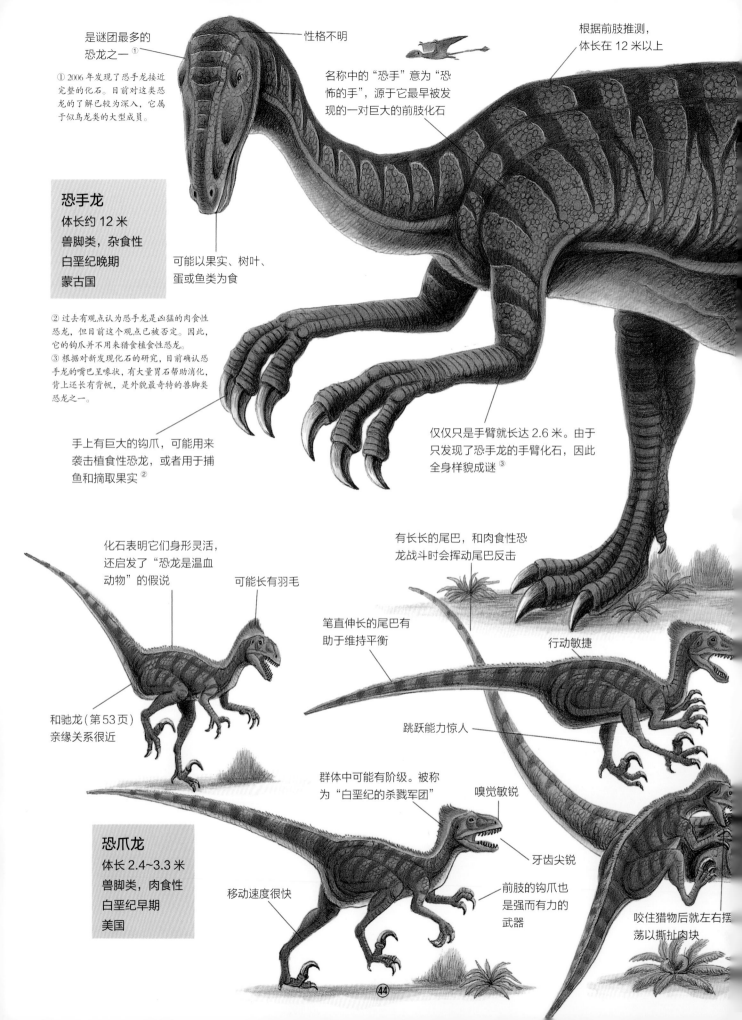

是谜团最多的
恐龙之一①

① 2006年发现了恐手龙接近
完整的化石。目前对这类恐
龙的了解已较为深入，它属
于似鸟龙类的大型成员。

性格不明

名称中的"恐手"意为"恐
怖的手"，源于它最早被发
现的一对巨大的前肢化石

根据前肢推测，
体长在12米以上

恐手龙
体长约12米
兽脚类，杂食性
白垩纪晚期
蒙古国

可能以果实、树叶、
蛋或鱼类为食

② 过去有观点认为恐手龙是凶猛的肉食性
恐龙，但目前这个观点已被否定。因此，
它的钩爪并不用来猎食植食性恐龙。
③ 根据对新发现化石的研究，目前确认恐
手龙的嘴巴呈喙状，有大量胃石帮助消化，
背上还长有背帆，是外貌最奇特的兽脚类
恐龙之一。

手上有巨大的钩爪，可能用来
袭击植食性恐龙，或者用于捕
鱼和摘取果实②

仅仅只是手臂就长达2.6米。由于
只发现了恐手龙的手臂化石，因此
全身样貌成谜③

化石表明它们身形灵活，
还启发了"恐龙是温血
动物"的假说

可能长有羽毛

笔直伸长的尾巴有
助于维持平衡

有长长的尾巴，和肉食性恐
龙战斗时会挥动尾巴反击

行动敏捷

和驰龙（第53页）
亲缘关系很近

跳跃能力惊人

群体中可能有阶级。被称
为"白垩纪的杀戮军团"

嗅觉敏锐

牙齿尖锐

恐爪龙
体长2.4~3.3米
兽脚类，肉食性
白垩纪早期
美国

移动速度很快

前肢的钩爪也
是强而有力的
武器

咬住猎物后就左右摆
荡以撕扯肉块

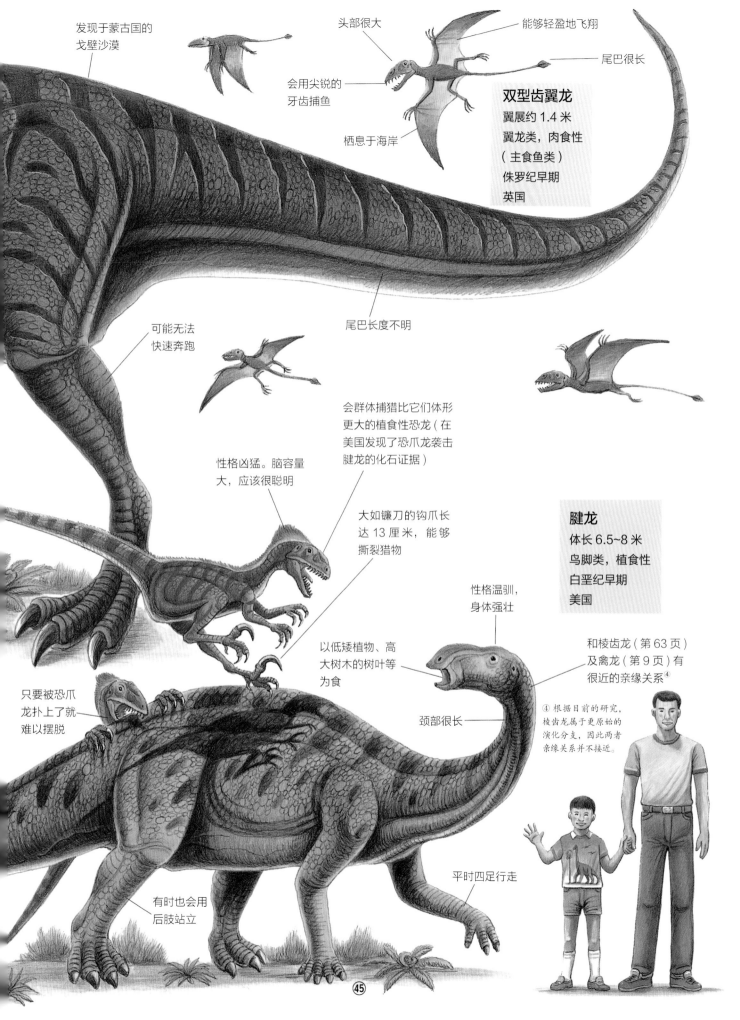

发现于蒙古国的戈壁沙漠

头部很大

能够轻盈地飞翔

会用尖锐的牙齿捕鱼

尾巴很长

栖息于海岸

双型齿翼龙
翼展约 1.4 米
翼龙类，肉食性
（主食鱼类）
侏罗纪早期
英国

可能无法快速奔跑

尾巴长度不明

会群体捕猎比它们体形更大的植食性恐龙（在美国发现了恐爪龙袭击腱龙的化石证据）

性格凶猛。脑容量大，应该很聪明

大如镰刀的钩爪长达 13 厘米，能够撕裂猎物

腱龙
体长 6.5~8 米
鸟脚类，植食性
白垩纪早期
美国

性格温驯，身体强壮

只要被恐爪龙扑上了就难以摆脱

以低矮植物、高大树木的树叶等为食

和棱齿龙（第 63 页）及禽龙（第 9 页）有很近的亲缘关系④

④ 根据目前的研究，棱齿龙属于更原始的演化分支，因此两者亲缘关系并不接近。

颈部很长

平时四足行走

有时也会用后肢站立

㊺

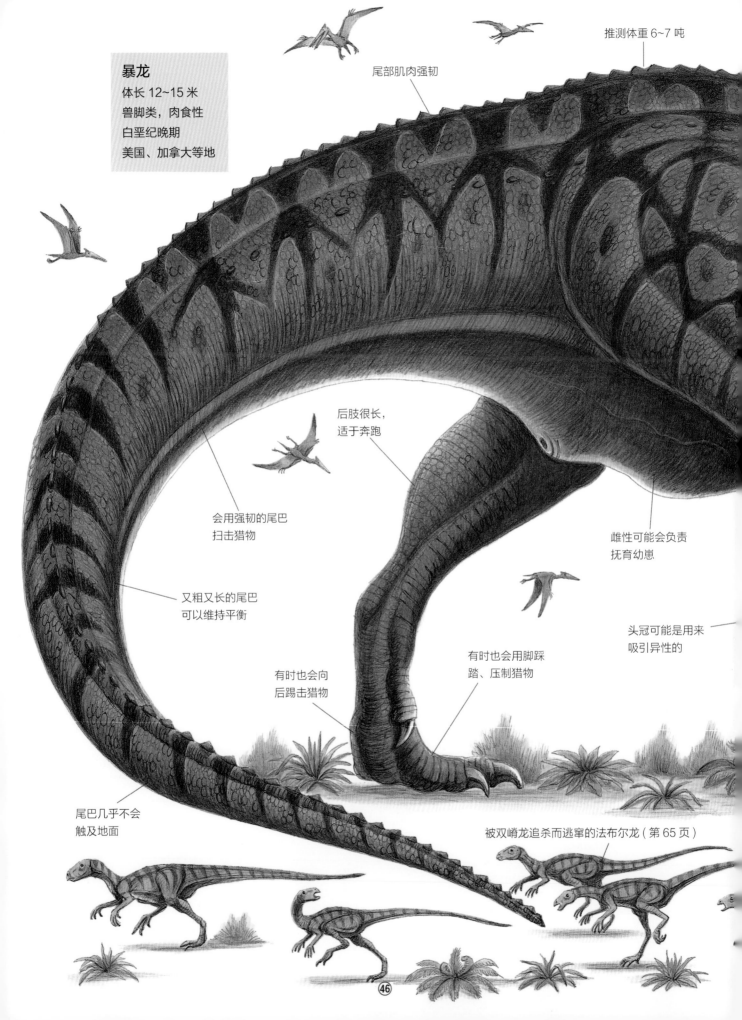

暴龙
体长 12~15 米
兽脚类，肉食性
白垩纪晚期
美国、加拿大等地

尾部肌肉强韧

推测体重 6~7 吨

后肢很长，
适于奔跑

会用强韧的尾巴
扫击猎物

雌性可能会负责
抚育幼崽

又粗又长的尾巴
可以维持平衡

头冠可能是用来
吸引异性的

有时也会用脚踩
踏、压制猎物

有时也会向
后踢击猎物

尾巴几乎不会
触及地面

被双嵴龙追杀而逃窜的法布尔龙（第 65 页）

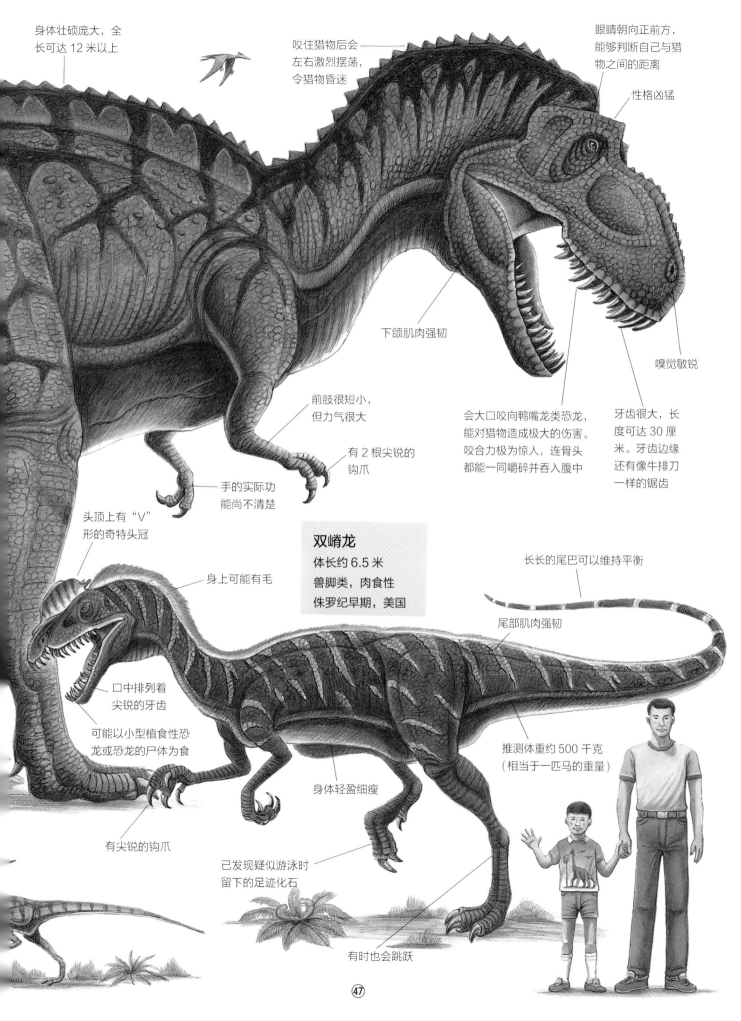

身体壮硕庞大，全长可达 12 米以上

咬住猎物后会左右激烈摆荡，令猎物昏迷

眼睛朝向正前方，能够判断自己与猎物之间的距离

性格凶猛

下颌肌肉强韧

嗅觉敏锐

会大口咬向鸭嘴龙类恐龙，能对猎物造成极大的伤害。咬合力极为惊人，连骨头都能一同嚼碎并吞入腹中

牙齿很大，长度可达 30 厘米。牙齿边缘还有像牛排刀一样的锯齿

前肢很短小，但力气很大

有 2 根尖锐的钩爪

手的实际功能尚不清楚

头顶上有 "V" 形的奇特头冠

身上可能有毛

双嵴龙
体长约 6.5 米
兽脚类，肉食性
侏罗纪早期，美国

长长的尾巴可以维持平衡

尾部肌肉强韧

口中排列着尖锐的牙齿

可能以小型植食性恐龙或恐龙的尸体为食

推测体重约 500 千克（相当于一匹马的重量）

身体轻盈细瘦

有尖锐的钩爪

已发现疑似游泳时留下的足迹化石

有时也会跳跃

性格温驯，
群居生活

背椎上排列着高耸的突
起，因此背部高高隆起

属于脖子较
短的蜥脚类

需要进食大量低
矮植物、针叶树
树叶等

叉龙
体长约 12.2 米
蜥脚类，植食性
侏罗纪晚期
坦桑尼亚（东非）

拇指为钉状刺，和肉食性
恐龙战斗时能作为武器。
可能也会用来勾住树干，
以便吃到高处的树叶

① 根据目前的研究，该类恐
龙属于比鸟脚类更原始的演
化分支。

奇异龙
体长约 4 米
鸟脚类[1]，植食性
白垩纪晚期
美国、加拿大

外貌和棱齿龙（第 63 页）
相似，两者亲缘关系可能
很近

身体上排列着
铆钉状的突起

性格温驯

尾巴应该很短，在它抓取树
叶时，能帮助维持身体稳定

长长的尾巴可
以维持平衡

可能行
动缓慢

有 5 根手指

主要以低矮
植物为食

是蜥脚类恐
龙的祖先

性格温驯

以蛋、昆虫、低矮植
物等为食。处于从肉
食性恐龙向植食性恐
龙演化的过渡阶段

槽齿龙
体长约 2.5 米
原始的蜥脚形类
杂食性
三叠纪晚期
英国、南非等地

在恐龙时代，它是类似于现代的鹿的存在

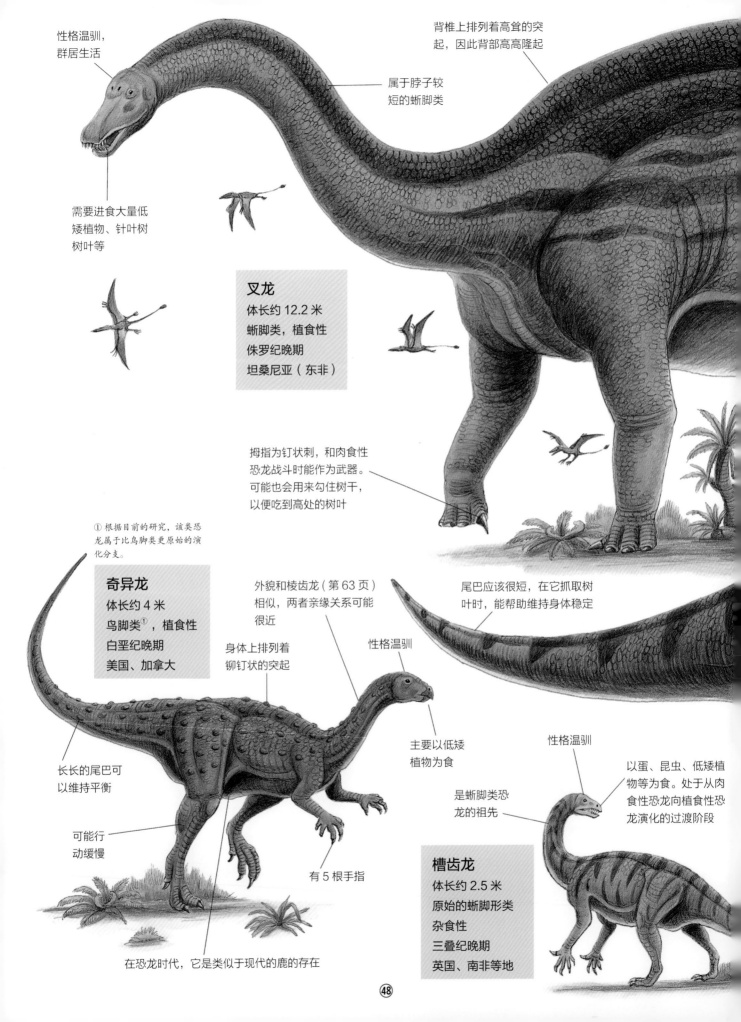

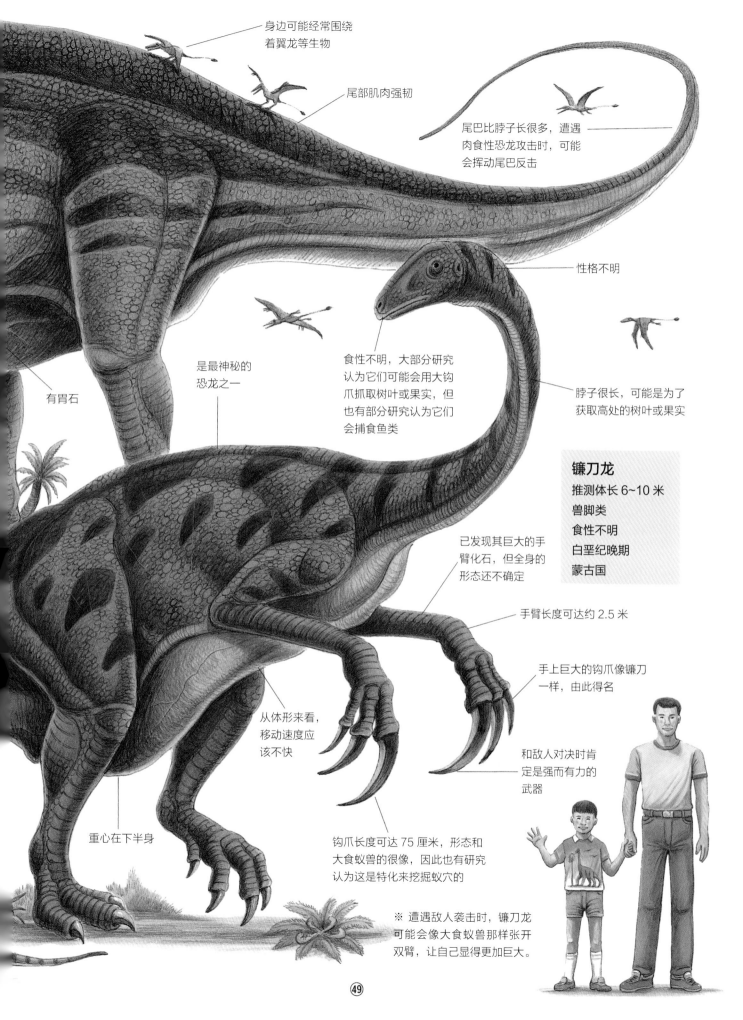

身边可能经常围绕
着翼龙等生物

尾部肌肉强韧

尾巴比脖子长很多，遭遇
肉食性恐龙攻击时，可能
会挥动尾巴反击

性格不明

是最神秘的
恐龙之一

食性不明，大部分研究
认为它们可能会用大钩
爪抓取树叶或果实，但
也有部分研究认为它们
会捕食鱼类

脖子很长，可能是为了
获取高处的树叶或果实

有胃石

镰刀龙
推测体长 6~10 米
兽脚类
食性不明
白垩纪晚期
蒙古国

已发现其巨大的手
臂化石，但全身的
形态还不确定

手臂长度可达约 2.5 米

手上巨大的钩爪像镰刀
一样，由此得名

从体形来看，
移动速度应
该不快

和敌人对决时肯
定是强而有力的
武器

重心在下半身

钩爪长度可达 75 厘米，形态和
大食蚁兽的很像，因此也有研究
认为这是特化来挖掘蚁穴的

※ 遭遇敌人袭击时，镰刀龙
可能会像大食蚁兽那样张开
双臂，让自己显得更加巨大。

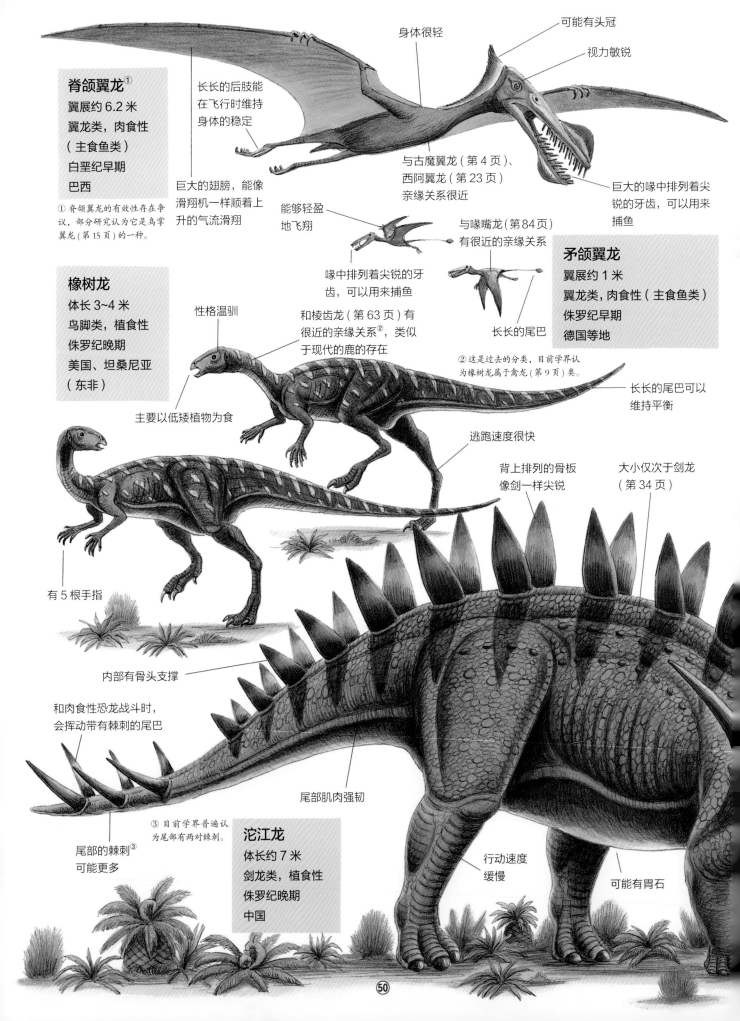

身体很轻

可能有头冠

视力敏锐

脊颌翼龙①
翼展约 6.2 米
翼龙类，肉食性
（主食鱼类）
白垩纪早期
巴西

① 脊颌翼龙的有效性存在争议，部分研究认为它是鸟掌翼龙（第 15 页）的一种。

长长的后肢能在飞行时维持身体的稳定

巨大的翅膀，能像滑翔机一样顺着上升的气流滑翔

与古魔翼龙（第 4 页）、西阿翼龙（第 23 页）亲缘关系很近

巨大的喙中排列着尖锐的牙齿，可以用来捕鱼

能够轻盈地飞翔

喙中排列着尖锐的牙齿，可以用来捕鱼

与喙嘴龙（第 84 页）有很近的亲缘关系

矛颌翼龙
翼展约 1 米
翼龙类，肉食性（主食鱼类）
侏罗纪早期
德国等地

长长的尾巴

橡树龙
体长 3~4 米
鸟脚类，植食性
侏罗纪晚期
美国、坦桑尼亚
（东非）

性格温驯

和棱齿龙（第 63 页）有很近的亲缘关系②，类似于现代的鹿的存在

② 这是过去的分类，目前学界认为橡树龙属于禽龙（第 9 页）类。

长长的尾巴可以维持平衡

主要以低矮植物为食

逃跑速度很快

背上排列的骨板像剑一样尖锐

大小仅次于剑龙（第 34 页）

有 5 根手指

内部有骨头支撑

和肉食性恐龙战斗时，会挥动带有棘刺的尾巴

尾部肌肉强韧

尾部的棘刺③可能更多

③ 目前学界普遍认为尾部有两对棘刺。

沱江龙
体长约 7 米
剑龙类，植食性
侏罗纪晚期
中国

行动速度缓慢

可能有胃石

性格凶猛。会群体狩猎比自
己体形还大的植食性恐龙

伤龙
体长约 6 米
兽脚类，肉食性
白垩纪晚期
美国

和斑龙（第 79 页）有很近的亲
缘关系，但体形比斑龙小很多

排列着尖锐
的牙齿

和生活于同时代
的暴龙类不同，
伤龙有 3 根手指

移动速度很快

巨大的钩爪

可能会灵活
地跳跃

笔直伸长的尾巴
可以维持平衡

行动敏捷

脑容量大，应该
很聪明

伤齿龙
体长约 2 米
兽脚类
肉食性
白垩纪晚期
加拿大等地

有小而尖锐的牙齿。
以蜥蜴、昆虫或小
型哺乳类等为食

移动速度
很快

能抓取食物

全身都覆盖着装甲

是已知最原始的
甲龙类恐龙之一

能够一跃而起，
并用巨大的钩
爪杀死猎物

性格温驯

肩上有巨大的棘刺

是亚洲极具代表
性的剑龙类恐龙

口部很小，
主要以低矮
植物为食

性格温驯

龙胄龙
体长约 2 米
甲龙类
植食性
侏罗纪晚期
葡萄牙

主要以低矮
植物为食

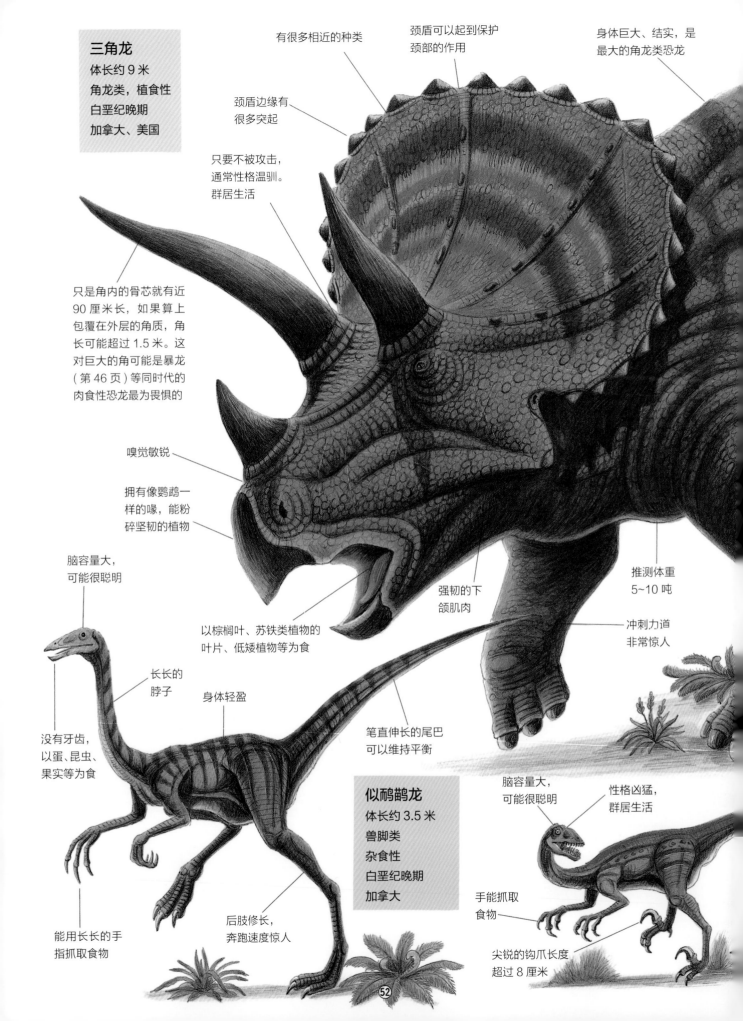

三角龙
体长约9米
角龙类，植食性
白垩纪晚期
加拿大、美国

有很多相近的种类

颈盾可以起到保护颈部的作用

身体巨大、结实，是最大的角龙类恐龙

颈盾边缘有很多突起

只要不被攻击，通常性格温驯。群居生活

只是角内的骨芯就有近90厘米长，如果算上包覆在外层的角质，角长可能超过1.5米。这对巨大的角可能是暴龙（第46页）等同时代的肉食性恐龙最为畏惧的

嗅觉敏锐

拥有像鹦鹉一样的喙，能粉碎坚韧的植物

脑容量大，可能很聪明

以棕榈叶、苏铁类植物的叶片、低矮植物等为食

强韧的下颌肌肉

推测体重5~10吨

冲刺力道非常惊人

长长的脖子

身体轻盈

没有牙齿，以蛋、昆虫、果实等为食

笔直伸长的尾巴可以维持平衡

似鸸鹋龙
体长约3.5米
兽脚类
杂食性
白垩纪晚期
加拿大

脑容量大，可能很聪明

性格凶猛，群居生活

手能抓取食物

能用长长的手指抓取食物

后肢修长，奔跑速度惊人

尖锐的钩爪长度超过8厘米

身边可能经常围——绕着鸟类等生物

巨大的头部，长度可达 2.6 米

性格温驯，群居生活

上面可能有纹饰，能够吓唬敌人

牛角龙
体长约 7.6 米
角龙类，植食性
白垩纪晚期
美国

在角龙类恐龙中，大小仅次于三角龙（第 52 页）

尾巴较短

行动敏捷

齿尖锐，群体狩猎大植食性恐龙

笔直伸长的尾巴可以维持平衡

和恐爪龙（第 44 页）亲缘关系接近

移动速度很快

会跳起来扑向猎物

驰龙
体长约 1.8 米
兽脚类，肉食性
白垩纪晚期
加拿大、美国

抬起头来有
12 米高

性格温驯，群居生活

头部是蜥脚类恐龙中最大的

查干诺尔龙①
体长约 26 米
蜥脚类，植食性
白垩纪早期
中国（内蒙古）

① 它发现于内蒙古的查干诺尔地区，由此得名。但该恐龙名称至今还未正式发表，因此这并不是有效命名。

就身型来说，
脖子较短

每天都要进食大量的针叶树树叶

结实、庞大的身躯

颈骨上有许多孔洞，
能够减轻重量

1985 年发现于中国内蒙古自治区

③ 目前已有很多研究证明这个矮暴龙化石是一个幼体，因此其实际大小应该更大。还有观点认为已发现的矮暴龙只是还未长大的暴龙（第 46 页），因此该分类的有效性存在争议。

像树干一样
粗壮的四肢

虽然体形较小，但已具备许多暴龙类的特征。栖息于森林中，可能会群体狩猎小型植食性恐龙，有时也会以腐肉为食

矮暴龙③
体长约 6 米
兽脚类，肉食性
白垩纪晚期
美国

脚趾的形状和其他蜥脚类恐龙不同

性格
凶猛

身体轻盈

嗅觉
敏锐

排列着尖锐的牙齿

有 2 根手指

移动
速度很快

可能也会灵活地跳跃

是最小型的恐龙之一

有接近完整的全身骨骼
化石标本。在以组装化
石进行展示的恐龙中，
它是当时世界上最大的[2]

② 多数大型恐龙化石标本会以
较轻的铸模模型进行展示。

亚洲最大的巨型
恐龙，推测体重
可达 40~50 吨

形态接近无齿翼
龙，但体形更小[4]

没有牙齿

栖息于海岸边，
以鱼类为食

能像滑翔机一样顺
着上升的气流滑翔

④ 随着更完整化石的发现，现已确
认夜翼龙头上有个巨大的分叉头冠。
上面可能包覆着皮膜，能像船帆一
样帮助夜翼龙更好地控制飞行。
⑤ 根据目前的研究，该类恐龙属于
比鸟脚类更原始的演化分支。

长长的尾巴是强
而有力的武器

尾部肌肉强韧

脚掌上有类似肉垫
的结构，能缓冲体
重带来的压力

主要以低矮
植物为食

性格温驯

主要以低矮
植物为食

行动敏捷

⑤

性格温驯，没有头冠

会用宽阔的喙部取食低矮植物

形态接近禽龙（第9页），是非常原始的鸭嘴龙类恐龙

巴克龙
体长 4~6 米
鸭嘴龙类，植食性
白垩纪晚期
中国

长长的尾巴可以维持平衡

可能擅长游泳

也会四足行走

雌性会产下大量的蛋，并抚育幼崽

有蹄状趾爪

逃跑速度很快

捕食蜥蜴、小型哺乳类及小型植食性恐龙等

性格凶猛

身体轻盈

长长的尾巴可以维持平衡

小而尖锐的牙齿

能抓取食物

名称的含义是"披覆着完美甲胄的恐龙"

移动速度很快

巨大的钩爪

西北阿根廷龙
体长约 2.2 米
兽脚类，肉食性
白垩纪晚期
阿根廷

是已知美洲大陆最后的甲龙类恐龙

紧密排列着棘刺。和埃德蒙顿甲龙（第12页）亲缘关系接近

性格温驯

尾部末端没有尾锤

会挥动满是棘刺的尾巴和肉食性恐龙战斗

口部很小，主要以低矮植物为食

胄甲龙
体长约 7 米
甲龙类，植食性
白垩纪晚期
加拿大、美国

推测体重约 3 吨

性格温驯

是外貌最特别的角龙类恐龙之一

颈盾上也长有巨大的角

身边可能经常围绕着鸟类等生物

厚鼻龙
体长约 7 米
角龙类，植食性
白垩纪晚期
加拿大、美国

短短的尾巴

名称源于它厚厚的鼻部，上面可能排列着巨大的角

拥有像鹦鹉一样的喙，可以用来取食低矮植物、蕨类

头骨化石的鼻部并没有角，只有一个巨大的类似台座的厚实结构。有些观点认为这个台座上长有巨大的角，由角质构成[1]

[1] 角质结构难以形成化石，通常只会在底部留下附着痕迹。

头骨的厚度可达 25 厘米

弱角龙
体长约 1 米
角龙类，植食性
白垩纪晚期
蒙古国

尾巴短粗

是最小的角龙类恐龙之一

性格温驯

角非常小

主要以低矮植物为食

是非常原始的角龙类恐龙

性格温驯

圆顶状的头骨，雄性在争夺地位时可能会用这个部位互相撞击。在遭遇肉食性恐龙袭击时也可能将它作为武器

长有棘刺

长长的尾巴可以维持平衡

以树叶、果实等为食

群居生活

腰部很宽

肿头龙
体长约 4.6 米
肿头龙类
植食性
白垩纪晚期
美国

有 5 根手指

冲击力道很强

奔跑迅速

头部形状和棘龙的
（第37页）很像

性格凶猛

头部很长，形似鳄
鱼头。主要以鱼类
为食，有时可能也
会吃恐龙的尸体

眼睛上方
有突起

（第37页）

重爪龙
体长 9~10 米
兽脚类，肉食性
白垩纪早期
英国、西班牙

鸭嘴龙
体长约 10 米
鸭嘴龙类
植食性
白垩纪晚期
美国

颈部
柔软

身体虽然精瘦，
但非常庞大

有尖锐的牙齿

手上的巨大钩爪
有近 40 厘米长

手臂力量很大

这个尖锐的钩爪可
能是用来捕鱼的

体形低矮瘦长

在胃中发现了
鱼的鳞片

长长的尾巴可以维
持平衡，还能在游
泳时起到辅助作用

和橡树龙（第50页）亲缘关系很近。
在当时是接近于现代的鹿的存在

长长的尾巴可以维持平衡

性格温驯

主要以低矮
植物为食

有 5 根手指

逃跑速度
很快

荒漠龙
体长约 3 米
鸟脚类，植食性
白垩纪早期
英国

58

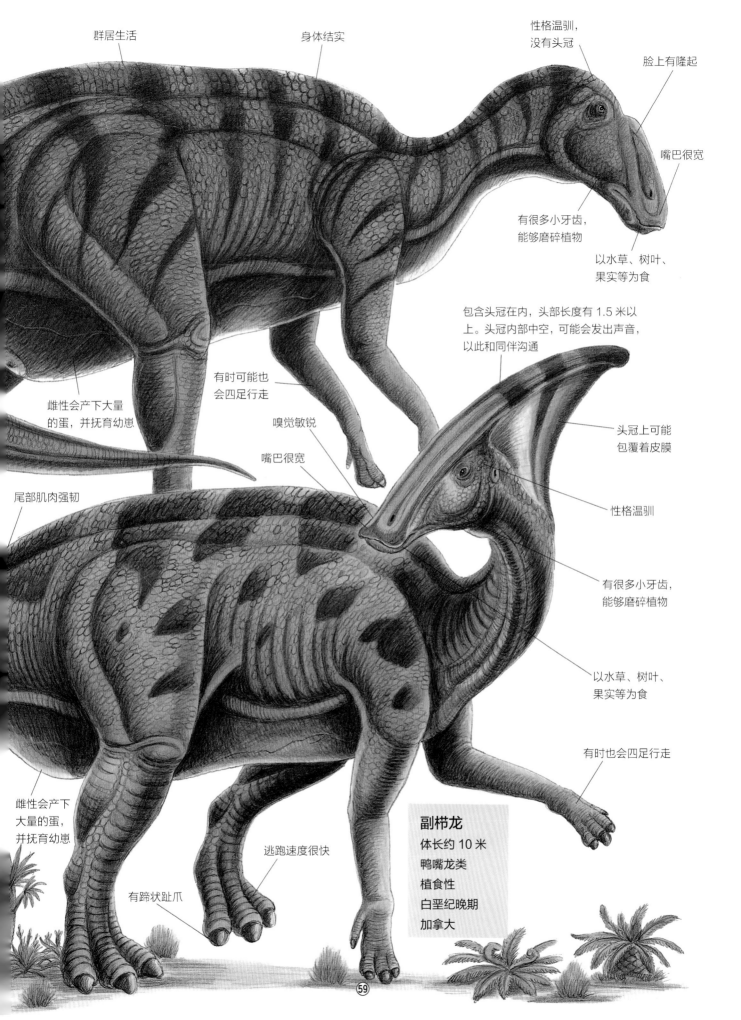

群居生活

身体结实

性格温驯，
没有头冠

脸上有隆起

嘴巴很宽

有很多小牙齿，
能够磨碎植物

以水草、树叶、
果实等为食

包含头冠在内，头部长度有 1.5 米以
上。头冠内部中空，可能会发出声音，
以此和同伴沟通

雌性会产下大量
的蛋，并抚育幼崽

有时可能也
会四足行走

嗅觉敏锐

嘴巴很宽

头冠上可能
包覆着皮膜

性格温驯

尾部肌肉强韧

有很多小牙齿，
能够磨碎植物

以水草、树叶、
果实等为食

有时也会四足行走

雌性会产下
大量的蛋，
并抚育幼崽

逃跑速度很快

有蹄状趾爪

副栉龙
体长约 10 米
鸭嘴龙类
植食性
白垩纪晚期
加拿大

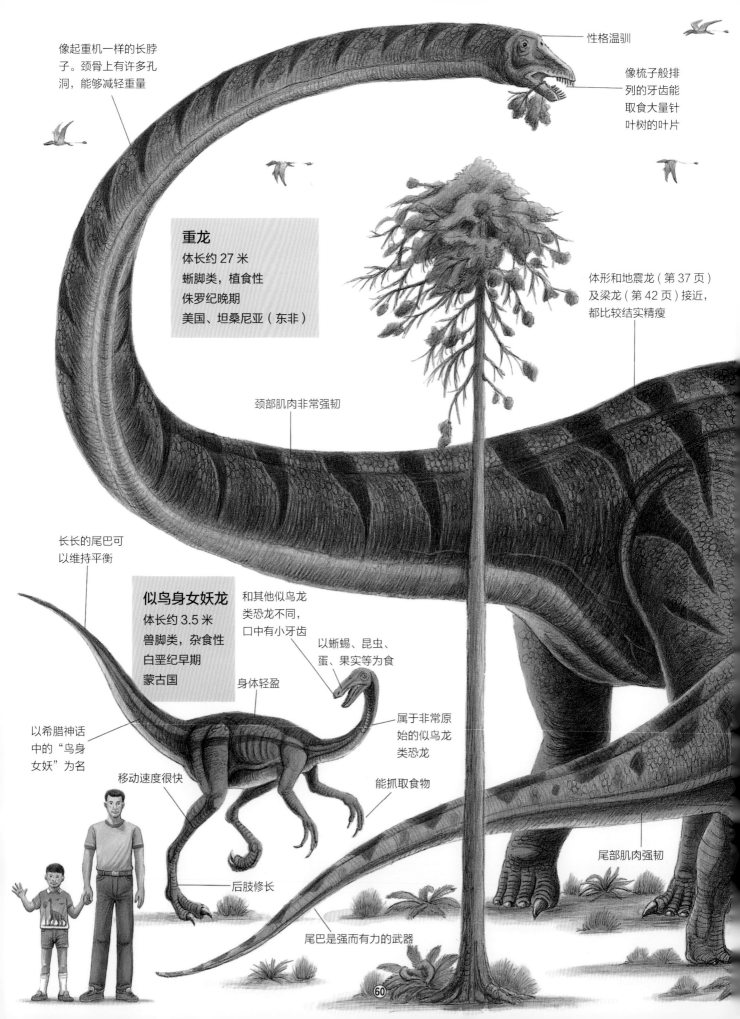

像起重机一样的长脖子。颈骨上有许多孔洞，能够减轻重量

性格温驯

像梳子般排列的牙齿能取食大量针叶树的叶片

重龙
体长约 27 米
蜥脚类，植食性
侏罗纪晚期
美国、坦桑尼亚（东非）

体形和地震龙（第 37 页）及梁龙（第 42 页）接近，都比较结实精瘦

颈部肌肉非常强韧

长长的尾巴可以维持平衡

似鸟身女妖龙
体长约 3.5 米
兽脚类，杂食性
白垩纪早期
蒙古国

和其他似鸟龙类恐龙不同，口中有小牙齿

以蜥蜴、昆虫、蛋、果实等为食

身体轻盈

以希腊神话中的"鸟身女妖"为名

属于非常原始的似鸟龙类恐龙

移动速度很快

能抓取食物

后肢修长

尾部肌肉强韧

尾巴是强而有力的武器

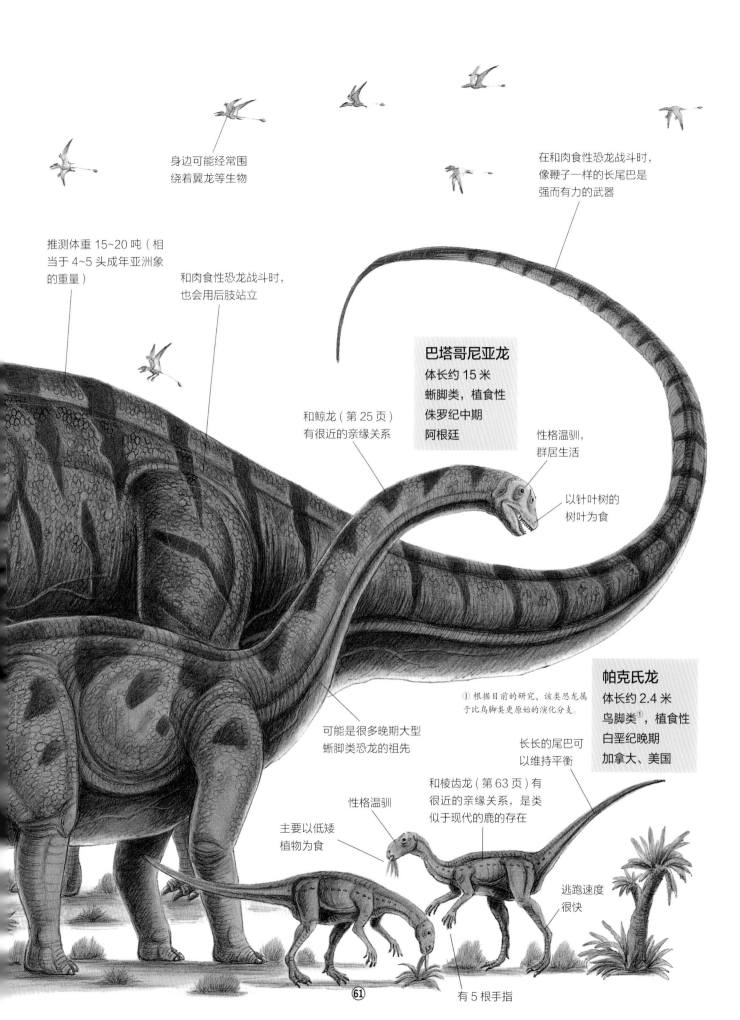

身边可能经常围
绕着翼龙等生物

在和肉食性恐龙战斗时，
像鞭子一样的长尾巴是
强而有力的武器

推测体重 15~20 吨（相
当于 4~5 头成年亚洲象
的重量）

和肉食性恐龙战斗时，
也会用后肢站立

和鲸龙（第 25 页）
有很近的亲缘关系

巴塔哥尼亚龙
体长约 15 米
蜥脚类，植食性
侏罗纪中期
阿根廷

性格温驯，
群居生活

以针叶树的
树叶为食

可能是很多晚期大型
蜥脚类恐龙的祖先

① 根据目前的研究，该类恐龙属
于比鸟脚类更原始的演化分支。

帕克氏龙
体长约 2.4 米
鸟脚类①，植食性
白垩纪晚期
加拿大、美国

长长的尾巴可
以维持平衡

和棱齿龙（第 63 页）有
很近的亲缘关系，是类
似于现代的鹿的存在

性格温驯

主要以低矮
植物为食

逃跑速度
很快

有 5 根手指

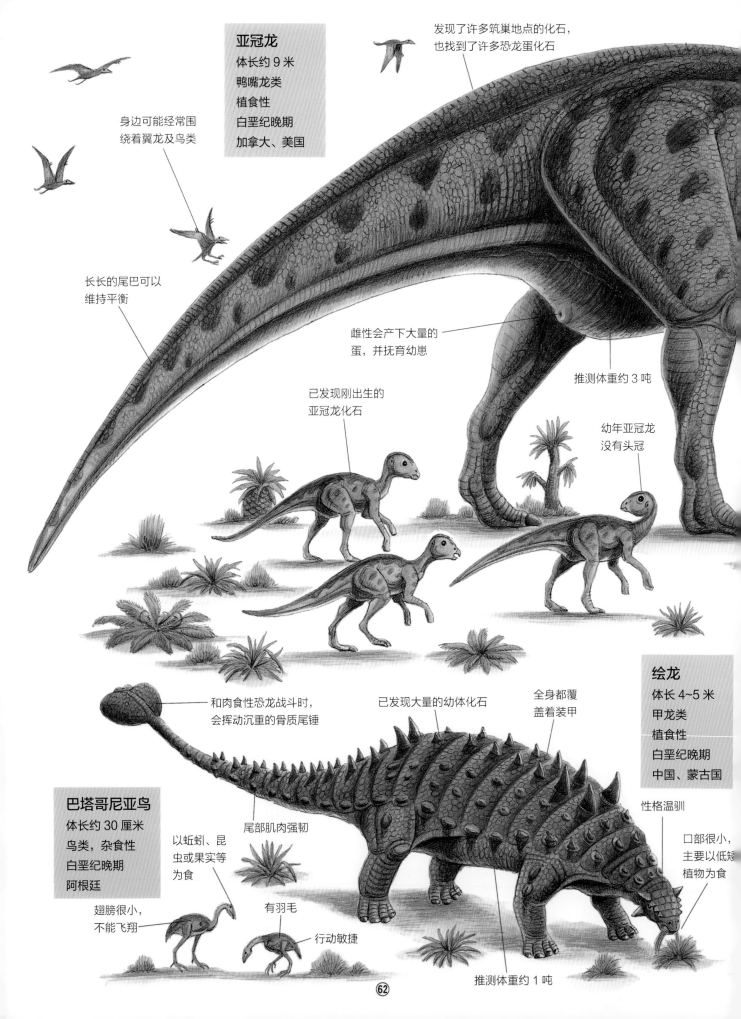

亚冠龙
体长约 9 米
鸭嘴龙类
植食性
白垩纪晚期
加拿大、美国

身边可能经常围绕着翼龙及鸟类

发现了许多筑巢地点的化石，也找到了许多恐龙蛋化石

长长的尾巴可以维持平衡

雌性会产下大量的蛋，并抚育幼崽

推测体重约 3 吨

已发现刚出生的亚冠龙化石

幼年亚冠龙没有头冠

绘龙
体长 4~5 米
甲龙类
植食性
白垩纪晚期
中国、蒙古国

和肉食性恐龙战斗时，会挥动沉重的骨质尾锤

已发现大量的幼体化石

全身都覆盖着装甲

性格温驯

巴塔哥尼亚鸟
体长约 30 厘米
鸟类，杂食性
白垩纪晚期
阿根廷

以蚯蚓、昆虫或果实等为食

尾部肌肉强韧

口部很小，主要以低矮植物为食

翅膀很小，不能飞翔

有羽毛

行动敏捷

推测体重约 1 吨

性格温驯，
群居生活

头冠的形状和盔龙
（第26页）相似

嗅觉敏锐

口部前端开阔

以水草、树叶、果实等为食

口中有许多牙齿，
能用来磨碎植物

尾巴是强而
有力的武器

有时也会四足行走

可能是原始的异特
龙（第7页）类

身体轻盈，
行动敏捷

皮亚尼兹基龙
体长 4~5 米
兽脚类，肉食性
侏罗纪中期
阿根廷

长长的尾
巴可以维
持平衡

头部的形态
和异特龙
（第7页）
很像。性格
凶猛

咬住猎物后
会激烈摆荡

嗅觉敏锐

尾部肌肉强韧

紧密排列着尖锐的牙
齿。可能会成群狩猎
小型植食性恐龙或蜥
脚类恐龙的幼崽

下颌肌肉强韧

移动速度很快，
可能也会跳跃

有时也会向后
踢击猎物

有 3 根手指，
钩爪尖锐

有时也会用
脚踩踏、压
制猎物

性格温驯。
有很多近亲

可能是整个恐龙时
代最为繁盛的种类

逃跑速
度很快

棱齿龙
体长 1.4~2.3 米
鸟脚类①，植食性
白垩纪早期
亚洲、欧洲、北
美洲等地

主要以低矮植物为食

数量众多，是类似于
现代的鹿的存在

① 根据目前的
研究，该类恐
龙属于比鸟脚
类更原始的演
化分支。

⑥③

性格温驯，
群居生活

属于脖子很短的蜥脚类

是欧洲极具代表性
的蜥脚类恐龙

以针叶树的树叶
或果实等为食

颈骨上有许多孔
洞，能够减轻重量

颈部肌肉强韧

艾里克敏捷龙
体长约 2 米
兽脚类，肉食性
白垩纪早期
中国

性格凶猛，会成群袭
击小型的植食性恐龙

笔直延伸的长尾巴
能维持平衡

脑容量大，
可能很聪明

和恐爪龙（第 44 页）
有很近的亲缘关系

移动速度
很快

骨板锐利如剑

肩膀处也有巨
大的棘刺

华阳龙
体长约 4 米
剑龙类，植食性
侏罗纪中期
中国

巨大的
钩爪

和肉食性恐龙战斗时，会挥
动尾巴

是非常原始的剑龙
（第 34 页）类恐龙

性格温驯

以蕨类、树
叶等为食

皮萨诺龙
体长约 90 厘米
鸟脚类①，植食性
三叠纪晚期
阿根廷

① 根据目前
的研究，该
类恐龙可能
是最早的鸟
臀类恐龙或
更加原始的
演化分支。

② 根据目前的研究，
该类恐龙属于比鸟脚
类更原始的演化分支。

主要以低矮
植物为食

身体轻盈

性格温驯

行动敏捷

叶牙龙
体长约 90 厘米
鸟脚类②
植食性
侏罗纪晚期
葡萄牙

性格温驯

已知最早的植食
性恐龙之一

移动
速度很快

主要以低矮植物为食，
偶尔也会捕食昆虫

是泰坦巨龙（第42页）类的成员

身边可能经常围绕着鸟类等生物

（第42页）

高桥龙
体长约 12 米
蜥脚类，植食性
白垩纪晚期
西班牙

和肉食性恐龙战斗时，会挥击像鞭子一样的长尾巴

尾部肌肉强韧

有胃石

发现了大量的恐龙蛋化石，这些化石的直径约有 30 厘米，容量大约 3.3 升

尾部末端没有尾锤

林龙
体长约 5 米
甲龙类
植食性
白垩纪早期
英国

和肉食性恐龙战斗时，会挥动长有棘刺的尾巴

全身都覆盖着装甲

排列着又大又尖锐的棘刺

性格温驯

口部很小，主要以低矮植物为食

尾部肌肉强韧

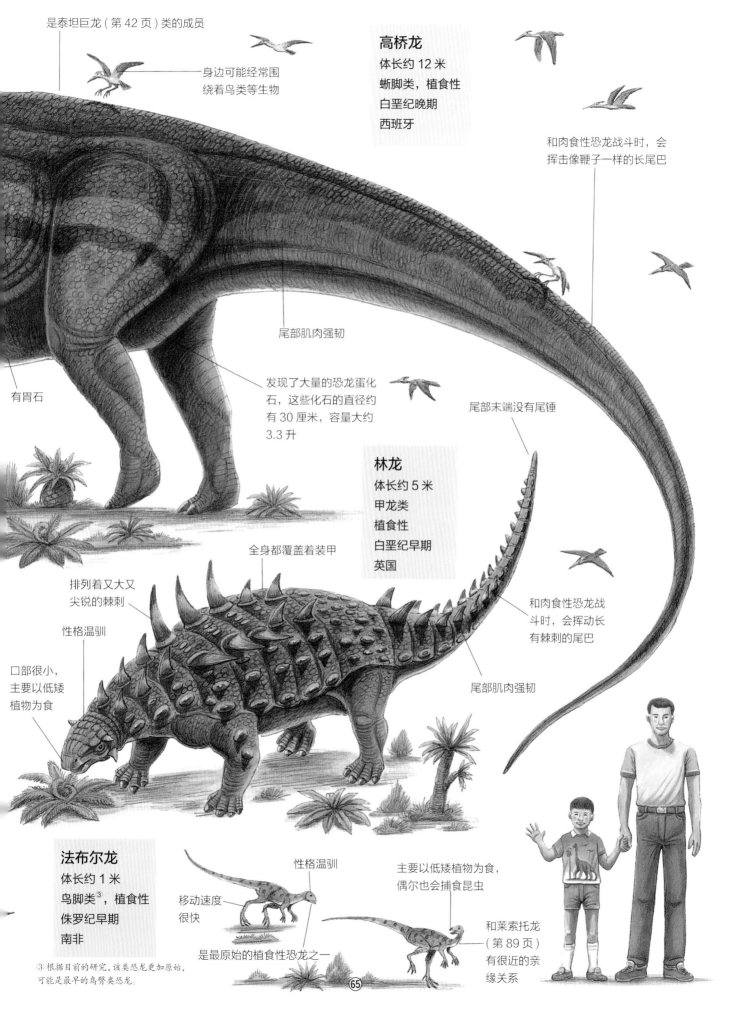

法布尔龙
体长约 1 米
鸟脚类[3]，植食性
侏罗纪早期
南非

性格温驯

移动速度很快

是最原始的植食性恐龙之一

主要以低矮植物为食，偶尔也会捕食昆虫

和莱索托龙（第89页）有很近的亲缘关系

（第89页）

③ 根据目前的研究，该类恐龙更加原始，可能是最早的鸟臀类恐龙。

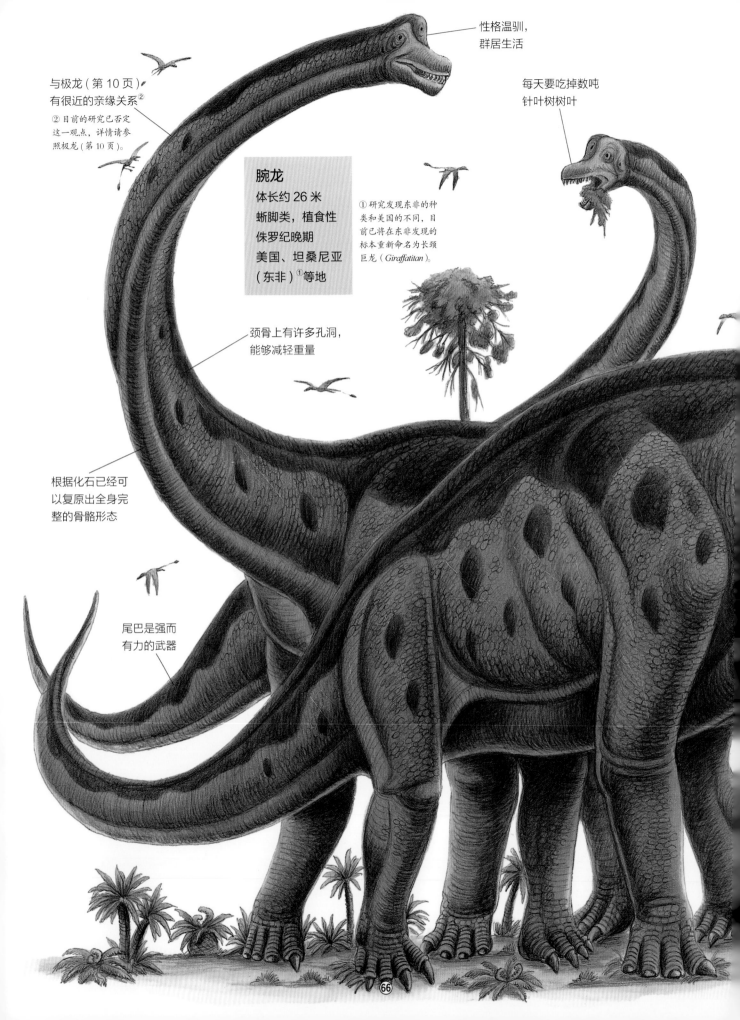

性格温驯，
群居生活

每天要吃掉数吨
针叶树树叶

与极龙（第 10 页）
有很近的亲缘关系[2]

[2] 目前的研究已否定
这一观点，详情请参
照极龙（第 10 页）。

腕龙
体长约 26 米
蜥脚类，植食性
侏罗纪晚期
美国、坦桑尼亚
（东非）[1]等地

[1] 研究发现东非的种
类和美国的不同，目
前已将在东非发现的
标本重新命名为长颈
巨龙（Giraffatitan）。

颈骨上有许多孔洞，
能够减轻重量

根据化石已经可
以复原出全身完
整的骨骼形态

尾巴是强而
有力的武器

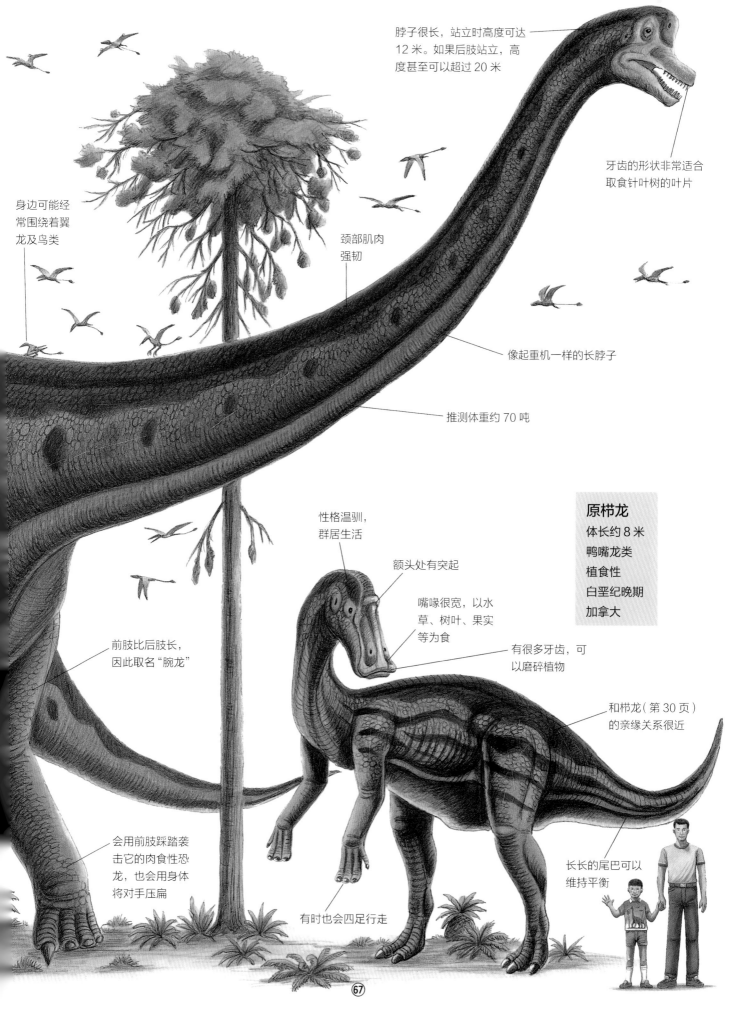

脖子很长，站立时高度可达12米。如果后肢站立，高度甚至可以超过20米

牙齿的形状非常适合取食针叶树的叶片

身边可能经常围绕着翼龙及鸟类

颈部肌肉强韧

像起重机一样的长脖子

推测体重约70吨

性格温驯，群居生活

额头处有突起

嘴喙很宽，以水草、树叶、果实等为食

原栉龙
体长约8米
鸭嘴龙类
植食性
白垩纪晚期
加拿大

有很多牙齿，可以磨碎植物

前肢比后肢长，因此取名"腕龙"

和栉龙（第30页）的亲缘关系很近

会用前肢踩踏袭击它的肉食性恐龙，也会用身体将对手压扁

有时也会四足行走

长长的尾巴可以维持平衡

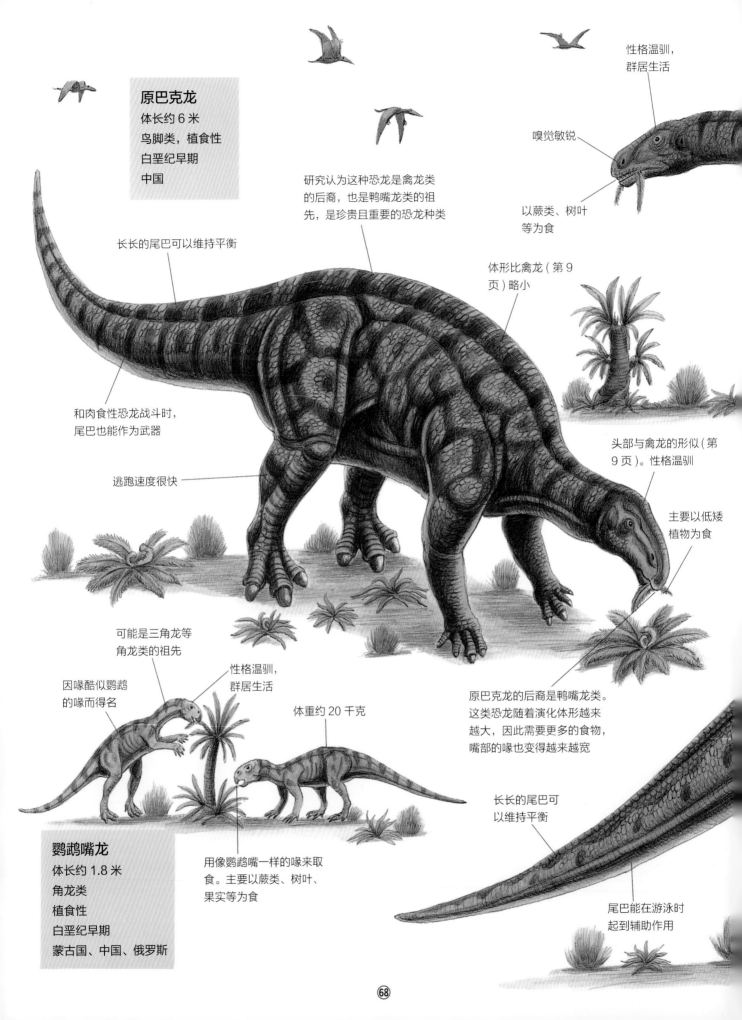

原巴克龙
体长约 6 米
鸟脚类，植食性
白垩纪早期
中国

长长的尾巴可以维持平衡

研究认为这种恐龙是禽龙类的后裔，也是鸭嘴龙类的祖先，是珍贵且重要的恐龙种类

性格温驯，群居生活

嗅觉敏锐

以蕨类、树叶等为食

体形比禽龙（第 9 页）略小

和肉食性恐龙战斗时，尾巴也能作为武器

逃跑速度很快

头部与禽龙的形似（第 9 页）。性格温驯

主要以低矮植物为食

可能是三角龙等角龙类的祖先

性格温驯，群居生活

因喙酷似鹦鹉的喙而得名

体重约 20 千克

原巴克龙的后裔是鸭嘴龙类。这类恐龙随着演化体形越来越大，因此需要更多的食物，嘴部的喙也变得越来越宽

长长的尾巴可以维持平衡

鹦鹉嘴龙
体长约 1.8 米
角龙类
植食性
白垩纪早期
蒙古国、中国、俄罗斯

用像鹦鹉嘴一样的喙来取食。主要以蕨类、树叶、果实等为食

尾巴能在游泳时起到辅助作用

和晚期的蜥脚类恐龙相比，脖子较短

是最原始的蜥脚形类恐龙之一

长长的尾巴可以维持平衡

尖锐的钩爪

平时四足行走，偶尔也会两足行走

尾巴也能当作武器

巨大的手指可以摘取树叶送到口中。此外，遭到肉食性恐龙袭击时也能作为武器

鼻子上方有隆起

头部后方有汤勺状的突起

以树叶、果实等为食

性格温驯

属于体形较小的鸭嘴龙类

因头冠较短而得名

短冠龙
体长约 7 米
鸭嘴龙类
植食性
白垩纪晚期
加拿大、美国

雌性会产下大量的蛋，并抚育幼崽

脚趾呈蹄状

也会四足行走

69

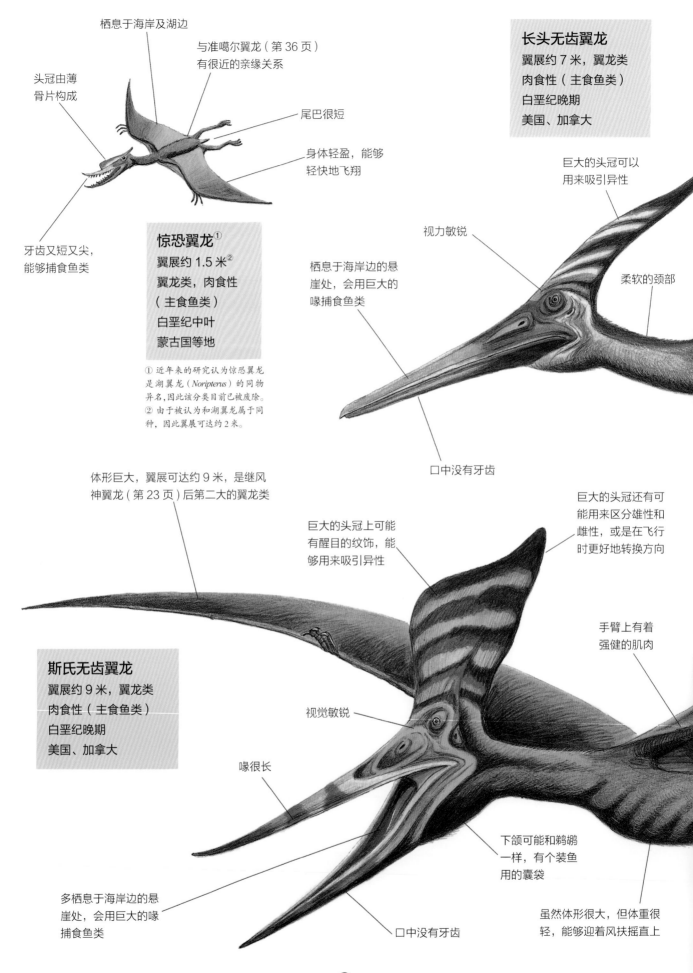

栖息于海岸及湖边

头冠由薄骨片构成

与准噶尔翼龙（第36页）有很近的亲缘关系

尾巴很短

身体轻盈，能够轻快地飞翔

牙齿又短又尖，能够捕食鱼类

惊恐翼龙①
翼展约 1.5 米②
翼龙类，肉食性
（主食鱼类）
白垩纪中叶
蒙古国等地

① 近年来的研究认为惊恐翼龙是湖翼龙（*Noripterus*）的同物异名，因此该分类目前已被废除。
② 由于被认为和湖翼龙属于同种，因此翼展可达约 2 米。

长头无齿翼龙
翼展约 7 米，翼龙类
肉食性（主食鱼类）
白垩纪晚期
美国、加拿大

巨大的头冠可以用来吸引异性

视力敏锐

栖息于海岸边的悬崖处，会用巨大的喙捕食鱼类

柔软的颈部

口中没有牙齿

体形巨大，翼展可达约 9 米，是继风神翼龙（第23页）后第二大的翼龙类

巨大的头冠上可能有醒目的纹饰，能够用来吸引异性

巨大的头冠还有可能用来区分雄性和雌性，或是在飞行时更好地转换方向

手臂上有着强健的肌肉

斯氏无齿翼龙
翼展约 9 米，翼龙类
肉食性（主食鱼类）
白垩纪晚期
美国、加拿大

视觉敏锐

喙很长

下颌可能和鹈鹕一样，有个装鱼用的囊袋

多栖息于海岸边的悬崖处，会用巨大的喙捕食鱼类

口中没有牙齿

虽然体形很大，但体重很轻，能够迎着风扶摇直上

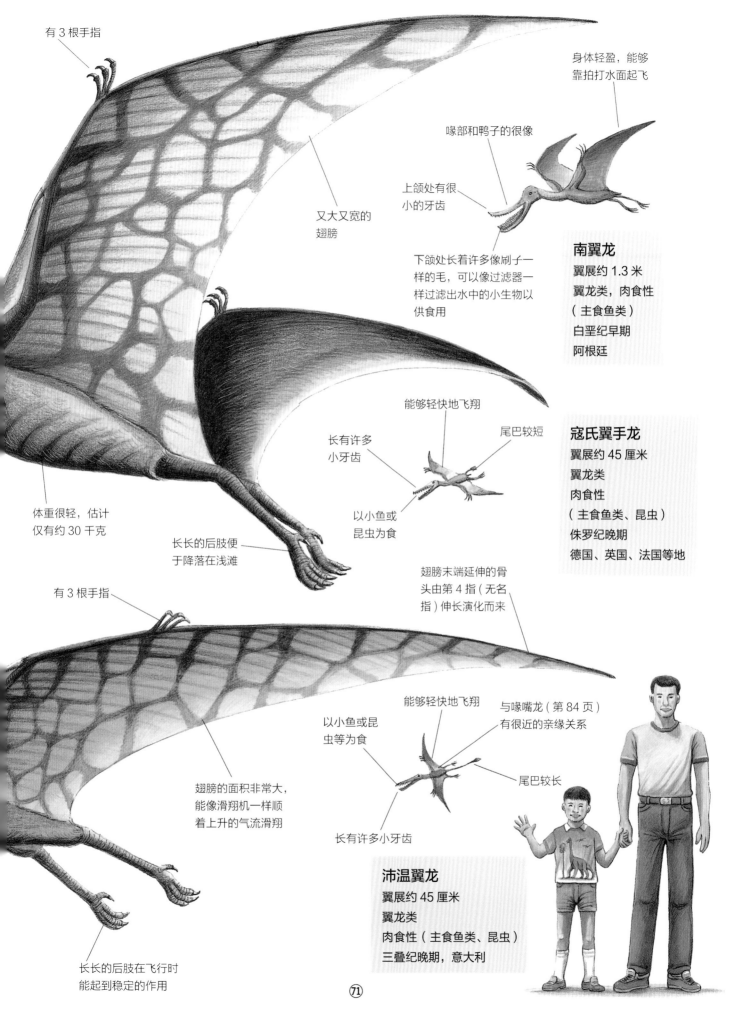

有 3 根手指

又大又宽的翅膀

身体轻盈，能够靠拍打水面起飞

喙部和鸭子的很像

上颌处有很小的牙齿

下颌处长着许多像刷子一样的毛，可以像过滤器一样过滤出水中的小生物以供食用

南翼龙
翼展约 1.3 米
翼龙类，肉食性
（主食鱼类）
白垩纪早期
阿根廷

能够轻快地飞翔

长有许多小牙齿

尾巴较短

以小鱼或昆虫为食

体重很轻，估计仅有约 30 千克

长长的后肢便于降落在浅滩

寇氏翼手龙
翼展约 45 厘米
翼龙类
肉食性
（主食鱼类、昆虫）
侏罗纪晚期
德国、英国、法国等地

翅膀末端延伸的骨头由第 4 指（无名指）伸长演化而来

有 3 根手指

翅膀的面积非常大，能像滑翔机一样顺着上升的气流滑翔

以小鱼或昆虫等为食

能够轻快地飞翔

与喙嘴龙（第 84 页）有很近的亲缘关系

尾巴较长

长有许多小牙齿

沛温翼龙
翼展约 45 厘米
翼龙类
肉食性（主食鱼类、昆虫）
三叠纪晚期，意大利

长长的后肢在飞行时能起到稳定的作用

火山齿龙

体长约 6.5 米
蜥脚类，植食性
侏罗纪早期
津巴布韦
（非洲南部）

长长的尾巴
能作为武器

它的化石发现于
火山附近的岩层
中，由此得名

是原始的小
型蜥脚类

性格温驯，
群居生活

以树叶、蕨类
等为食

腿很短

① 根据目前的研究，畸齿龙类属于原始
的鸟臀类，比过去认为的分类更加原始。
② 根据更精确的地质研究，目前确认畸
齿龙生存于侏罗纪早期。

性格温驯

奔跑迅速

主要以低矮植物为食，
偶尔也会捕食昆虫

长长的尾巴可以
维持平衡

是最古老的肉食性恐龙之一

性格凶猛

尾部末端
没有尾锤

是最原始的植
食性恐龙之一

奔跑迅速

钩爪尖锐

偶尔也会跳跃

牙齿尖锐。以蜥
蜴、小型哺乳类
和植食性恐龙等
为食

畸齿龙

体长约 1.2 米
鸟脚类[1]
植食性
三叠纪晚期[2]
南非

和蜥结龙（第 28 页）
有很近的亲缘关系

全身都覆
盖着装甲

埃雷拉龙

体长约 3.5 米
兽脚类[3]，肉食性
三叠纪晚期
阿根廷

③ 目前，许多研究认为，埃雷
拉龙属于原始的蜥臀类恐龙，
比兽脚类恐龙还要原始。

排列着尖
锐的棘刺

和肉食性恐龙战
斗时，会挥动满
是棘刺的尾巴

性格温驯

孔牙龙

体长约 6 米
甲龙类，植食性
白垩纪早期
美国

口部很小，主要以
低矮植物为食

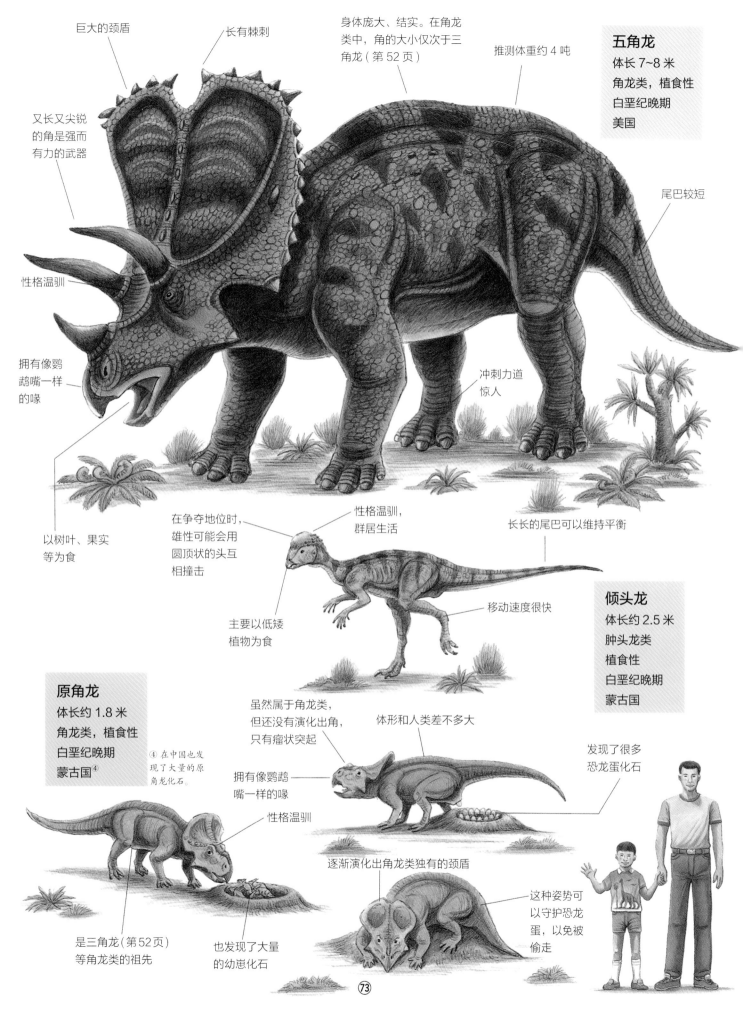

巨大的颈盾

长有棘刺

身体庞大、结实。在角龙类中，角的大小仅次于三角龙（第52页）

推测体重约4吨

五角龙
体长7~8米
角龙类，植食性
白垩纪晚期
美国

又长又尖锐的角是强而有力的武器

性格温驯

拥有像鹦鹉嘴一样的喙

以树叶、果实等为食

尾巴较短

冲刺力道惊人

长长的尾巴可以维持平衡

在争夺地位时，雄性可能会用圆顶状的头互相撞击

性格温驯，群居生活

移动速度很快

主要以低矮植物为食

倾头龙
体长约2.5米
肿头龙类
植食性
白垩纪晚期
蒙古国

原角龙
体长约1.8米
角龙类，植食性
白垩纪晚期
蒙古国[④]

④ 在中国也发现了大量的原角龙化石。

虽然属于角龙类，但还没有演化出角，只有瘤状突起

体形和人类差不多大

拥有像鹦鹉嘴一样的喙

发现了很多恐龙蛋化石

性格温驯

逐渐演化出角龙类独有的颈盾

这种姿势可以守护恐龙蛋，以免被偷走

是三角龙（第52页）等角龙类的祖先

也发现了大量的幼崽化石

⑺

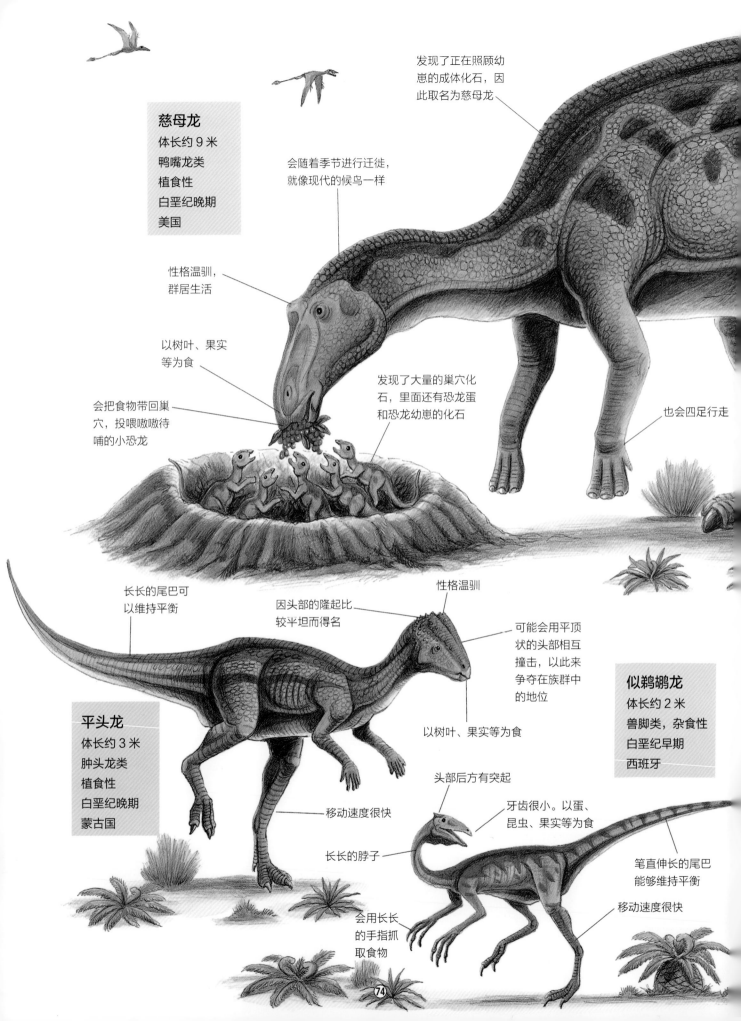

发现了正在照顾幼崽的成体化石，因此取名为慈母龙

慈母龙
体长约 9 米
鸭嘴龙类
植食性
白垩纪晚期
美国

会随着季节进行迁徙，就像现代的候鸟一样

性格温驯，群居生活

以树叶、果实等为食

会把食物带回巢穴，投喂嗷嗷待哺的小恐龙

发现了大量的巢穴化石，里面还有恐龙蛋和恐龙幼崽的化石

也会四足行走

长长的尾巴可以维持平衡

因头部的隆起比较平坦而得名

性格温驯

可能会用平顶状的头部相互撞击，以此来争夺在族群中的地位

以树叶、果实等为食

似鹈鹕龙
体长约 2 米
兽脚类，杂食性
白垩纪早期
西班牙

平头龙
体长约 3 米
肿头龙类
植食性
白垩纪晚期
蒙古国

移动速度很快

长长的脖子

头部后方有突起

牙齿很小。以蛋、昆虫、果实等为食

笔直伸长的尾巴能够维持平衡

移动速度很快

会用长长的手指抓取食物

尾部肌肉强韧

喙中排列着尖锐的牙齿，能用来捕鱼

有长长的尾巴

与真双型齿翼龙（第82页）有很近的亲缘关系

蓓天翼龙
翼展约60厘米
翼龙类，杂食性
（主食鱼类）
三叠纪晚期
意大利

能够轻快地飞翔

长长的尾巴也能当作武器

逃跑速度很快

长长的尾巴可以维持平衡。可能擅长游泳

趾爪呈蹄状

巧龙
体长约5米
蜥脚类
植食性
侏罗纪晚期
中国

以树叶、果实等为食

性格温驯，群居生活

已发现的化石可能只是幼体

因发现的化石小巧玲珑而得名

体格精瘦

长长的尾巴也可以当作武器

与鲸龙（第25页）有很近的亲缘关系

属于脖子较短的蜥脚类

推测体重约500千克，只比现代的马稍微重一点

伶盗龙
体长约1.8米
兽脚类，肉食性
白垩纪晚期
蒙古国、中国

名字的含义是"伶俐敏捷的盗贼"

可能非常聪明。也许会群体捕猎

性格凶猛

尖锐的牙齿

有时也会跳跃

已发现正在和原角龙（第73页）战斗的伶盗龙化石

手能抓取食物

巨大的钩爪

笔直伸长的尾巴能够维持平衡

75

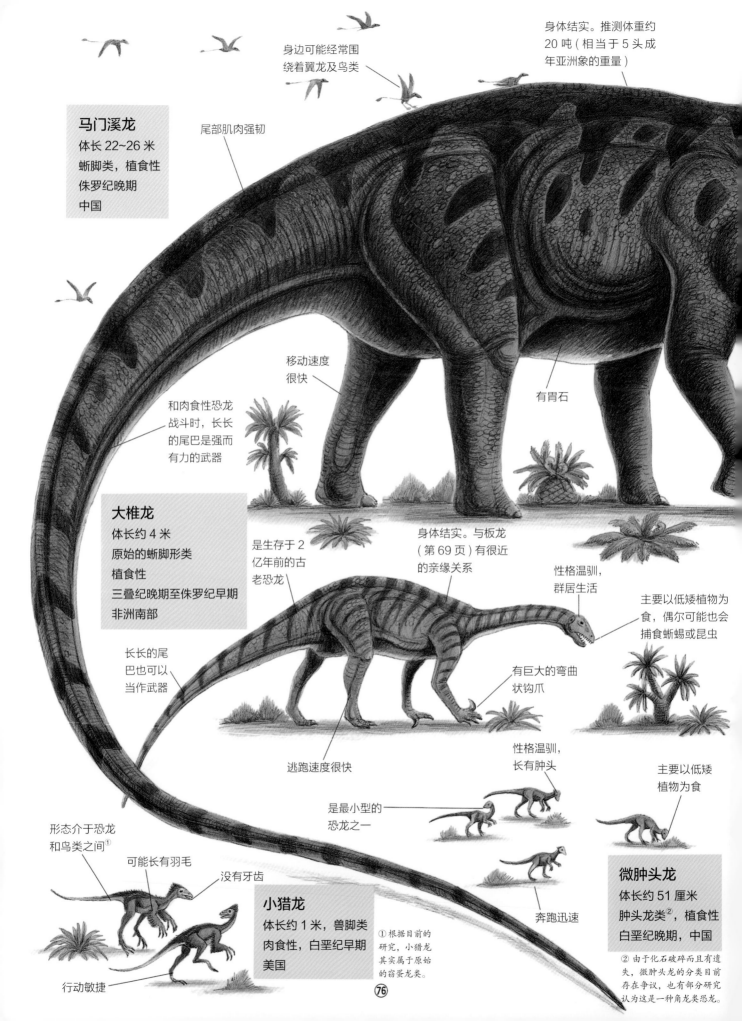

马门溪龙
体长 22~26 米
蜥脚类，植食性
侏罗纪晚期
中国

身体结实。推测体重约 20 吨（相当于 5 头成年亚洲象的重量）

身边可能经常围绕着翼龙及鸟类

尾部肌肉强韧

移动速度很快

有胃石

和肉食性恐龙战斗时，长长的尾巴是强而有力的武器

大椎龙
体长约 4 米
原始的蜥脚形类
植食性
三叠纪晚期至侏罗纪早期
非洲南部

是生存于 2 亿年前的古老恐龙

身体结实。与板龙（第 69 页）有很近的亲缘关系

性格温驯，群居生活

主要以低矮植物为食，偶尔可能也会捕食蜥蜴或昆虫

有巨大的弯曲状钩爪

长长的尾巴也可以当作武器

逃跑速度很快

性格温驯，长有肿头

主要以低矮植物为食

是最小型的恐龙之一

形态介于恐龙和鸟类之间[1]

可能长有羽毛

没有牙齿

小猎龙
体长约 1 米，兽脚类
肉食性，白垩纪早期
美国

[1] 根据目前的研究，小猎龙其实属于原始的窃蛋龙类。

奔跑迅速

微肿头龙
体长约 51 厘米
肿头龙类[2]，植食性
白垩纪晚期，中国

[2] 由于化石破碎而且有遗失，微肿头龙的分类目前存在争议，也有部分研究认为这是一种角龙类恐龙。

行动敏捷

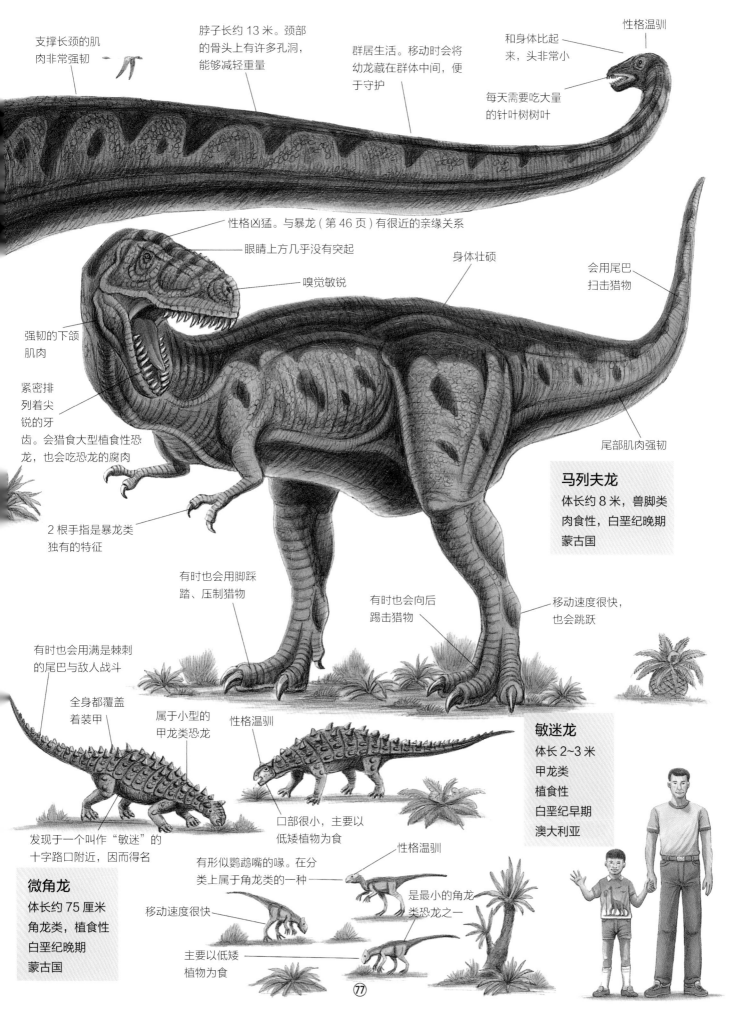

支撑长颈的肌肉非常强韧

脖子长约 13 米。颈部的骨头上有许多孔洞，能够减轻重量

群居生活。移动时会将幼龙藏在群体中间，便于守护

性格温驯

和身体比起来，头非常小

每天需要吃大量的针叶树树叶

性格凶猛。与暴龙（第 46 页）有很近的亲缘关系

眼睛上方几乎没有突起

身体壮硕

会用尾巴扫击猎物

嗅觉敏锐

强韧的下颌肌肉

紧密排列着尖锐的牙齿。会猎食大型植食性恐龙，也会吃恐龙的腐肉

尾部肌肉强韧

马列夫龙
体长约 8 米，兽脚类
肉食性，白垩纪晚期
蒙古国

2 根手指是暴龙类独有的特征

有时也会用脚踩踏、压制猎物

有时也会向后踢击猎物

移动速度很快，也会跳跃

有时也会用满是棘刺的尾巴与敌人战斗

全身都覆盖着装甲

属于小型的甲龙类恐龙

性格温驯

敏迷龙
体长 2~3 米
甲龙类
植食性
白垩纪早期
澳大利亚

发现于一个叫作"敏迷"的十字路口附近，因而得名

口部很小，主要以低矮植物为食

有形似鹦鹉嘴的喙。在分类上属于角龙类的一种

性格温驯

是最小的角龙类恐龙之一

微角龙
体长约 75 厘米
角龙类，植食性
白垩纪晚期
蒙古国

移动速度很快

主要以低矮植物为食

视力很好

性格凶猛

咬住猎物后会左右激烈摆荡，令猎物昏迷

头骨上有许多孔洞，能减轻重量

脸上有高高的隆起

嗅觉敏锐

下颌肌肉强韧

口中排列着尖锐的牙齿。咬合力惊人，能重伤猎物

也会以死尸为食

前肢虽然小，但很有力

有3只尖锐的钩爪

群居生活

对四周的环境非常警惕

木他龙
体长约7米
鸟脚类，植食性
白垩纪早期
澳大利亚

与禽龙（第9页）有很近的亲缘关系

发现于澳大利亚木他布拉地区，由此得名

力气很大

长长的尾巴可以维持平衡

逃跑速度很快

也会两足行走

有蹄状趾爪

身体结实

长长的粗壮的尾巴
可以维持平衡

尾部肌肉强韧

在世界各地
都发现了它
的化石[1]

斑龙
体长约 9 米
兽脚类，肉食性
侏罗纪晚期至白垩纪早期
欧洲、南美洲、非洲、
亚洲等地

[1] 除了英国、西班牙、葡萄牙等几处的
标本外，在其他地方发现的化石是否属
于斑龙或是其近亲还存在争议。

推测体重
约 3 吨

会跟踪并袭
击猎物

会用长尾巴
扫击猎物

有时也会向后
踢击猎物

有时也会用脚踩
踏、压制猎物

雄性和雌性的体
色可能存在差异

性格温驯

鼻子上方有隆起

嗅觉非常敏锐

以树叶、果实
等为食

脸颊处的袋状结
构可以储藏食物

也有像禽龙（第 9 页）那
样的钉状指，在遭遇肉食
性恐龙攻击时，能当作武
器进行反击

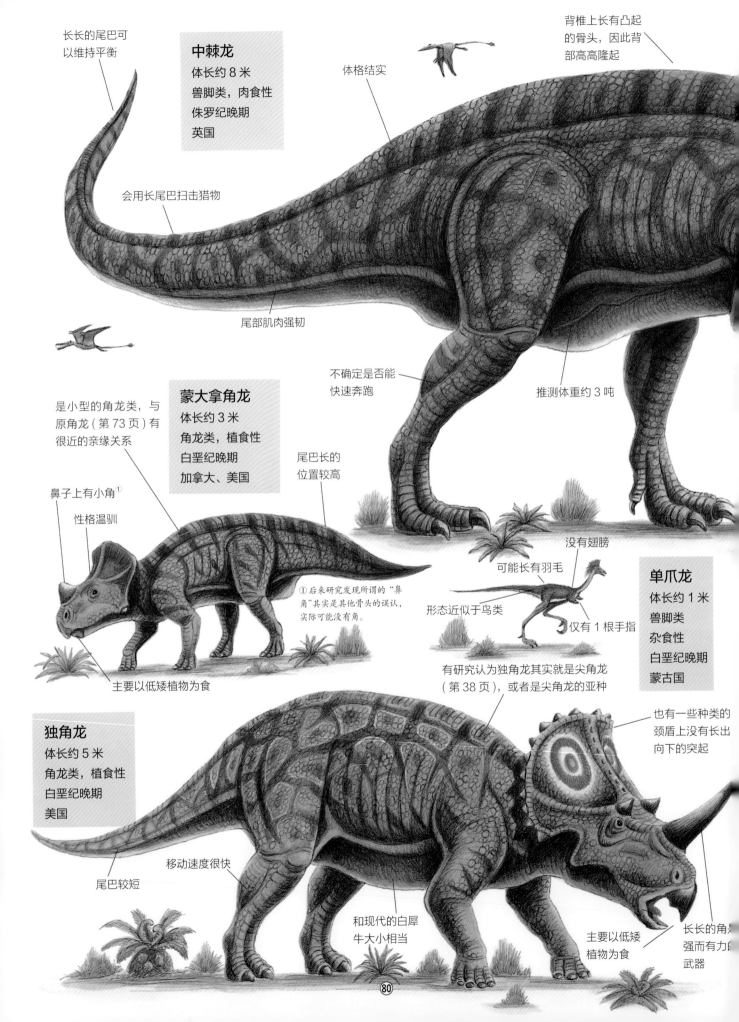

长长的尾巴可
以维持平衡

背椎上长有凸起
的骨头，因此背
部高高隆起

中棘龙
体长约 8 米
兽脚类，肉食性
侏罗纪晚期
英国

体格结实

会用长尾巴扫击猎物

尾部肌肉强韧

不确定是否能
快速奔跑

推测体重约 3 吨

是小型的角龙类，与
原角龙（第 73 页）有
很近的亲缘关系

蒙大拿角龙
体长约 3 米
角龙类，植食性
白垩纪晚期
加拿大、美国

尾巴长的
位置较高

鼻子上有小角①

性格温驯

①后来研究发现所谓的"鼻
角"其实是其他骨头的误认，
实际可能没有角。

主要以低矮植物为食

没有翅膀

可能长有羽毛

单爪龙
体长约 1 米
兽脚类
杂食性
白垩纪晚期
蒙古国

形态近似于鸟类

仅有 1 根手指

有研究认为独角龙其实就是尖角龙
（第 38 页），或者是尖角龙的亚种

也有一些种类的
颈盾上没有长出
向下的突起

独角龙
体长约 5 米
角龙类，植食性
白垩纪晚期
美国

尾巴较短

移动速度很快

和现代的白犀
牛大小相当

主要以低矮
植物为食

长长的角是
强而有力
武器

性格凶猛

头骨略长，因此也可能是棘龙（第 37 页）的祖先

嗅觉敏锐

口中排列着尖锐的牙齿。会捕食植食性恐龙，也可能捕鱼或是以恐龙的腐肉为食

前肢的手指数量还不确定，但应该是 3 根

栅齿龙
体长约 4 米
鸟脚类
植食性
白垩纪晚期
欧洲

性格温驯

主要以低矮植物为食

可能和禽龙（第 9 页）或者弯龙（第 16 页）有很近的亲缘关系

可能擅长游泳

逃跑速度很快

前肢的形态和禽龙的接近

会用长尾巴扫击猎物

巨大的头冠可能是用来区分雄性和雌性的。头冠是中空结构，因此也可能会发出巨大的声响

性格凶猛

咬住猎物后会激烈摆荡，令猎物昏迷

长长的尾巴可以维持平衡

口中紧密排列着尖锐的牙齿。会积极猎捕植食性恐龙，偶尔也会以腐肉为食

强韧的下颌肌肉

移动速度很快

单嵴龙
体长约 6 米
兽脚类，肉食性
侏罗纪中期
中国

尖锐的钩爪

身体壮硕

能够轻快
地飞行

喙中排列着尖锐的牙
齿，能用来捕鱼

和蓓天翼龙
（第 75 页）
有很近的亲
缘关系

长长的尾巴

咬住猎物后会激烈
摆荡，令猎物昏迷

性格凶猛

脸上有高
高的隆起

嗅觉敏锐

下颌肌肉强韧

真双型齿翼龙
翼展约 1 米，翼龙类
肉食性（主食鱼类）
三叠纪晚期
意大利

① 雅尔龙的化石破碎不全，根据
目前的研究结果，它其实是一种兽
脚类恐龙，因此可能是肉食性恐龙。
② 目前的研究已否定这一说法，认
为雅尔龙是一种兽脚类恐龙。
③ 由于目前的分类是兽脚类，因
此可能性格凶猛。

口中排列着巨大且尖锐的
牙齿。有一种假说认为肉
食性恐龙的牙齿上有大量
的细菌，因此植食性恐龙
被咬后便难以存活

3 根手指上都有
尖锐的钩爪

头骨有一定厚度，
可能是肿头龙（第
57 页）的祖先②

雅尔龙
体长约 90 厘米
肿头龙类，植食性①
白垩纪早期
英国

性格温驯③，
群居生活

行动敏捷

是最原始的肉
食性恐龙之一

性格凶猛

嗅觉敏锐

主要以低矮
植物为食

逃跑速度
很快

身体轻盈

长长的尾巴可
以维持平衡

强韧的下
颌肌肉

尾部肌肉
强韧

也许能够跳跃

口中紧密排列着尖
锐的牙齿。可能会
群体猎捕大型蜥脚
类恐龙，偶尔也会
以腐肉为食

奔跑速度很快

有着尖锐
的钩爪

美扭椎龙
体长约 7 米
兽脚类，肉食性
侏罗纪中期，英国

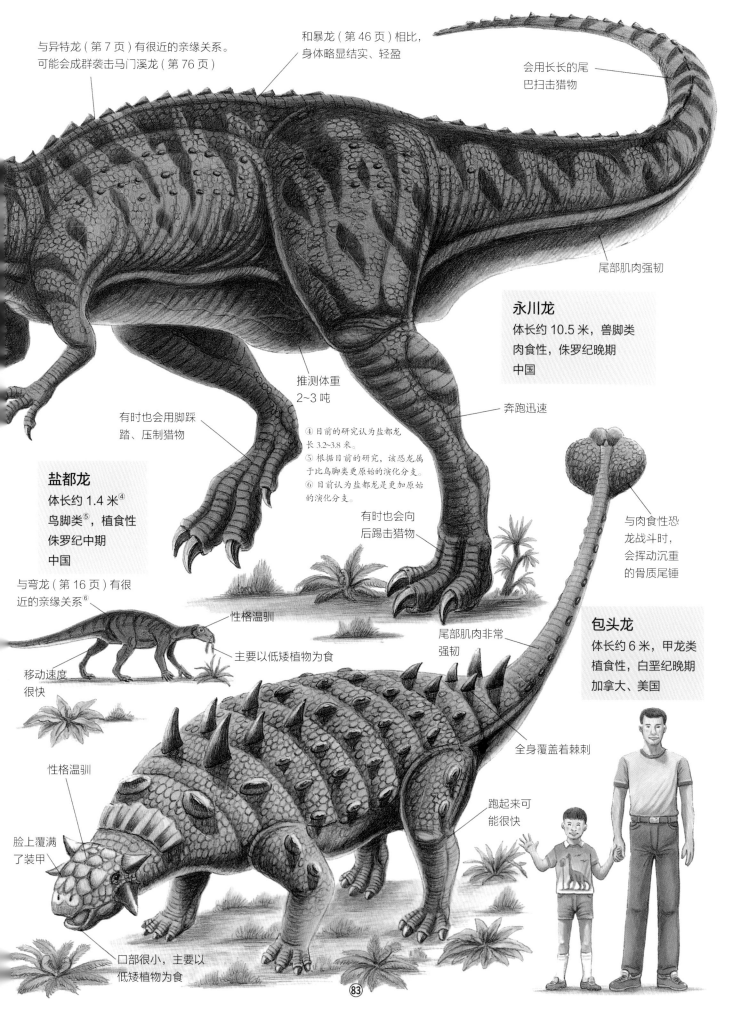

与异特龙（第 7 页）有很近的亲缘关系。可能会成群袭击马门溪龙（第 76 页）

和暴龙（第 46 页）相比，身体略显结实、轻盈

会用长长的尾巴扫击猎物

尾部肌肉强韧

永川龙
体长约 10.5 米，兽脚类
肉食性，侏罗纪晚期
中国

奔跑迅速

有时也会用脚踩踏、压制猎物

推测体重 2~3 吨

④ 目前的研究认为盐都龙长 3.2~3.8 米。
⑤ 根据目前的研究，该恐龙属于比鸟脚类更原始的演化分支。
⑥ 目前认为盐都龙是更加原始的演化分支。

有时也会向后踢击猎物

与肉食性恐龙战斗时，会挥动沉重的骨质尾锤

盐都龙
体长约 1.4 米④
鸟脚类⑤，植食性
侏罗纪中期
中国

与弯龙（第 16 页）有很近的亲缘关系⑥

性格温驯

主要以低矮植物为食

移动速度很快

尾部肌肉非常强韧

包头龙
体长约 6 米，甲龙类
植食性，白垩纪晚期
加拿大、美国

全身覆盖着棘刺

性格温驯

跑起来可能很快

脸上覆满了装甲

口部很小，主要以低矮植物为食

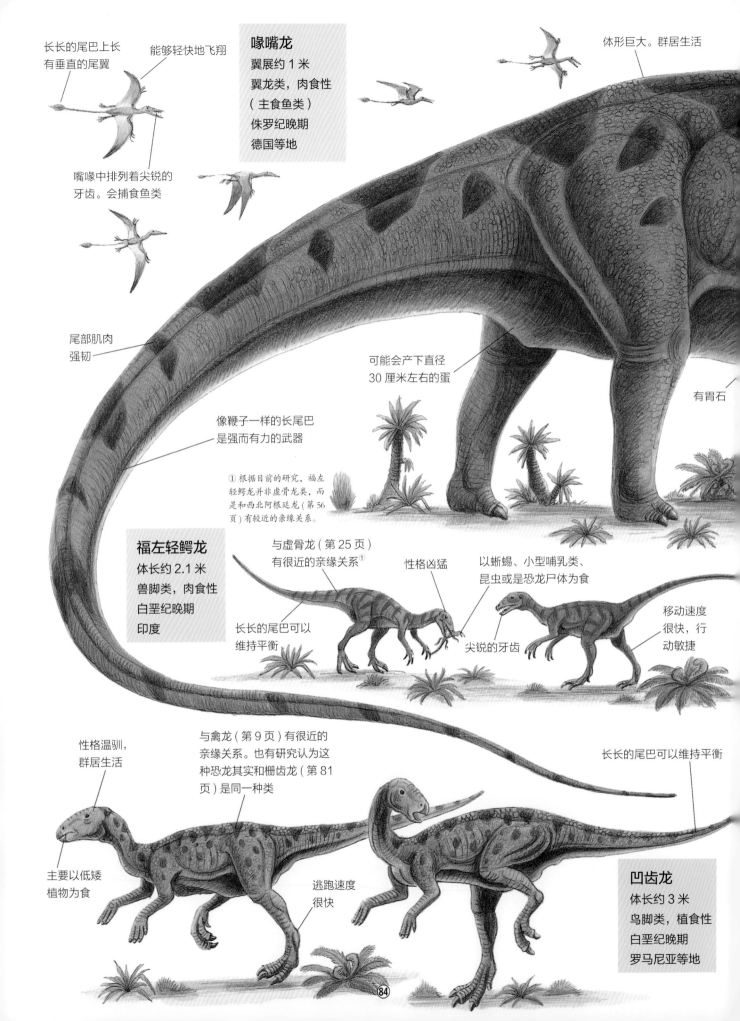

长长的尾巴上长
有垂直的尾翼

能够轻快地飞翔

喙嘴龙
翼展约 1 米
翼龙类，肉食性
（主食鱼类）
侏罗纪晚期
德国等地

体形巨大。群居生活

嘴喙中排列着尖锐的
牙齿。会捕食鱼类

尾部肌肉
强韧

可能会产下直径
30 厘米左右的蛋

有胃石

像鞭子一样的长尾巴
是强而有力的武器

① 根据目前的研究，福左
轻鳄龙并非虚骨龙类，而
是和西北阿根廷龙（第 56
页）有较近的亲缘关系。

福左轻鳄龙
体长约 2.1 米
兽脚类，肉食性
白垩纪晚期
印度

与虚骨龙（第 25 页）
有很近的亲缘关系①

性格凶猛

以蜥蜴、小型哺乳类、
昆虫或是恐龙尸体为食

长长的尾巴可以
维持平衡

尖锐的牙齿

移动速度
很快，行
动敏捷

性格温驯，
群居生活

与禽龙（第 9 页）有很近的
亲缘关系。也有研究认为这
种恐龙其实和栅齿龙（第 81
页）是同一种类

长长的尾巴可以维持平衡

主要以低矮
植物为食

逃跑速度
很快

凹齿龙
体长约 3 米
鸟脚类，植食性
白垩纪晚期
罗马尼亚等地

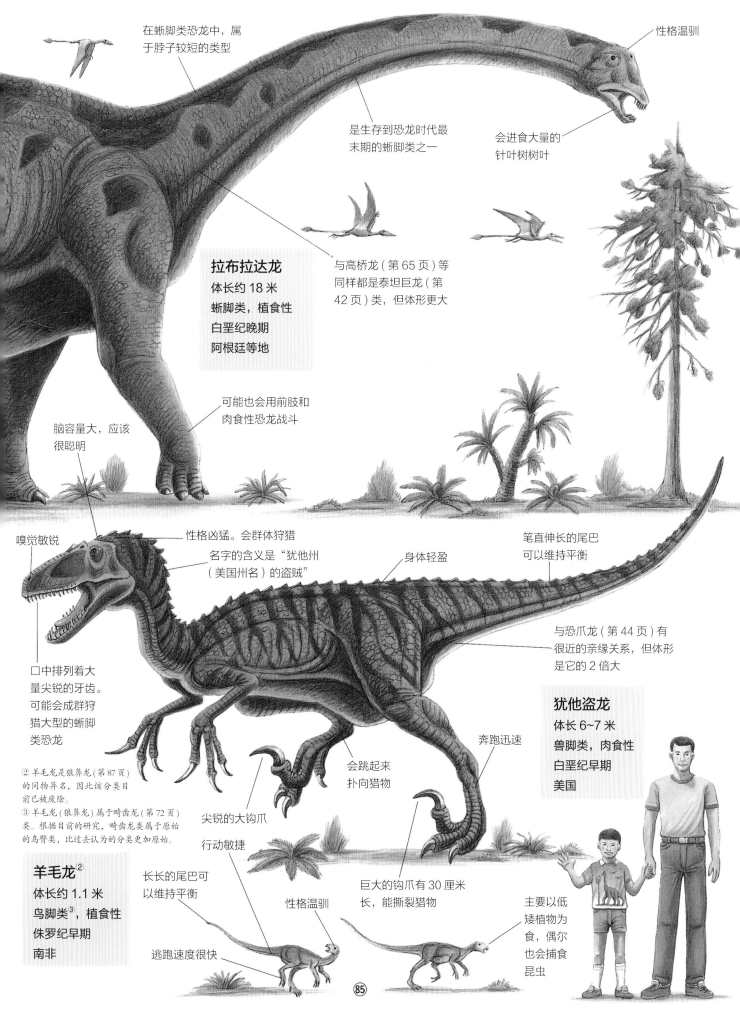

在蜥脚类恐龙中，属于脖子较短的类型

性格温驯

是生存到恐龙时代最末期的蜥脚类之一

会进食大量的针叶树树叶

拉布拉达龙
体长约 18 米
蜥脚类，植食性
白垩纪晚期
阿根廷等地

与高桥龙（第 65 页）等同样都是泰坦巨龙（第 42 页）类，但体形更大

可能也会用前肢和肉食性恐龙战斗

脑容量大，应该很聪明

嗅觉敏锐

性格凶猛。会群体狩猎

名字的含义是"犹他州（美国州名）的盗贼"

身体轻盈

笔直伸长的尾巴可以维持平衡

与恐爪龙（第 44 页）有很近的亲缘关系，但体形是它的 2 倍大

口中排列着大量尖锐的牙齿。可能会成群狩猎大型的蜥脚类恐龙

②羊毛龙是狼鼻龙（第 87 页）的同物异名，因此该分类目前已被废除。

③羊毛龙（狼鼻龙）属于畸齿龙（第 72 页）类。根据目前的研究，畸齿龙类属于原始的鸟臀类，比过去认为的分类更加原始。

犹他盗龙
体长 6~7 米
兽脚类，肉食性
白垩纪早期
美国

奔跑迅速

尖锐的大钩爪

行动敏捷

会跳起来扑向猎物

羊毛龙②
体长约 1.1 米
鸟脚类③，植食性
侏罗纪早期
南非

长长的尾巴可以维持平衡

性格温驯

逃跑速度很快

巨大的钩爪有 30 厘米长，能撕裂猎物

主要以低矮植物为食，偶尔也会捕食昆虫

巨大的身体可达 15 米长，在美国发现的最大标本甚至长达 16.5 米

和山东龙（第 33 页）并列为最大的鸭嘴龙类恐龙

赖氏龙
体长 15~16 米
鸭嘴龙类
植食性
白垩纪晚期
加拿大、美国

头冠巨大，雄性和雌性的头冠形状不同，雄性可能会用其吸引雌性

头部后方有突起

后颈很有力

性格温驯，群居生活

口中长有大量的小牙齿，能用来磨碎植物

以水草、树叶、果实等为食

推测体重约 20 吨（相当于 5 头成年亚洲象的重量）

也会四足行走

长长的尾巴能够当作武器

性格温驯，群居生活

是最原始的蜥脚形类恐龙之一

与板龙（第 69 页）有很近的亲缘关系

主要以树叶为食

手上巨大的钩爪也可以当作武器

长长的尾巴可以维持平衡

禄丰龙
体长约 6 米
原始的蜥脚形类
植食性
三叠纪晚期[1]
中国

有时也会两足行走

① 根据更精确的地质研究，目前确认禄丰龙生存于侏罗纪早期。

身边可能经常围绕着鸟类等生物

长长的尾巴可以维持平衡

巨大的尾巴也适于游泳

有些假说认为，暴龙（第 46 页）类之所以会演化得如此巨大，就是为了能击倒这些大型的鸭嘴龙类恐龙

雌性会产下大量的蛋，并抚育幼崽

性格温驯，群居生活

逃跑速度很快

是原始的蜥脚形类恐龙中较大的一种

与黑丘龙（洛可龙，第 89 页）有很近的亲缘关系

为了可以吃到高处的叶片，演化出了长长的脖子

是最原始的蜥脚形类恐龙之一

以低矮植物、高大树木的树叶等为食

颈部肌肉强韧

里奥哈龙
体长 6~11 米
原始的蜥脚形类
植食性
三叠纪晚期
阿根廷

也会四足行走

有时也会用后肢站立

前肢很长

巨大的钩爪能够当作武器

②同羊毛龙（第 85 页）。
③芦沟龙的分类存在很大争议，甚至有许多研究认为其不是恐龙，而是更加原始的主龙类的演化分支。

与类似犬齿的牙齿结构

主要以低矮植物为食，偶尔也会捕食蜥蜴、昆虫等

行动敏捷

有小小的角

牙齿尖锐

狼鼻龙
体长约 1.2 米
鸟脚类②
植食性
侏罗纪早期
南非

长长的尾巴可以维持平衡

移动速度很快

以蜥蜴、蛋、昆虫及恐龙尸体等为食

芦沟龙
体长约 2 米
兽脚类③，肉食性
侏罗纪早期
中国

行动敏捷

长长的尾巴是强而
有力的武器

背帆可达 1.5 米高，可能
是用来调节体温的

背帆内部的骨头
长在背椎上

相关信息和标本都
很少，是谜一般的
恐龙

推测体重约 100 吨
（相当于 26 头成年
亚洲象的重量）①

① 根据目前的研究，体
重约 8 吨（相当于 2 头
成年亚洲象的重量）。

可能有胃石

和肉食性恐龙
战斗时，也会
使用前肢进行
反击

勒苏维斯龙
体长约 5 米
剑龙类，植食性
侏罗纪中期
英国、法国

是最原始的剑龙类之一，
可能和钉状龙（第 25 页）
有很近的亲缘关系

背上排列着剑一般
锐利的骨板

性格温驯

逃跑速度
应该不快

嗅觉敏锐

主要以低矮
植物为食

尾巴上长有尖锐的棘刺，
遭遇肉食性恐龙袭击时
可以挥动尾巴进行反击

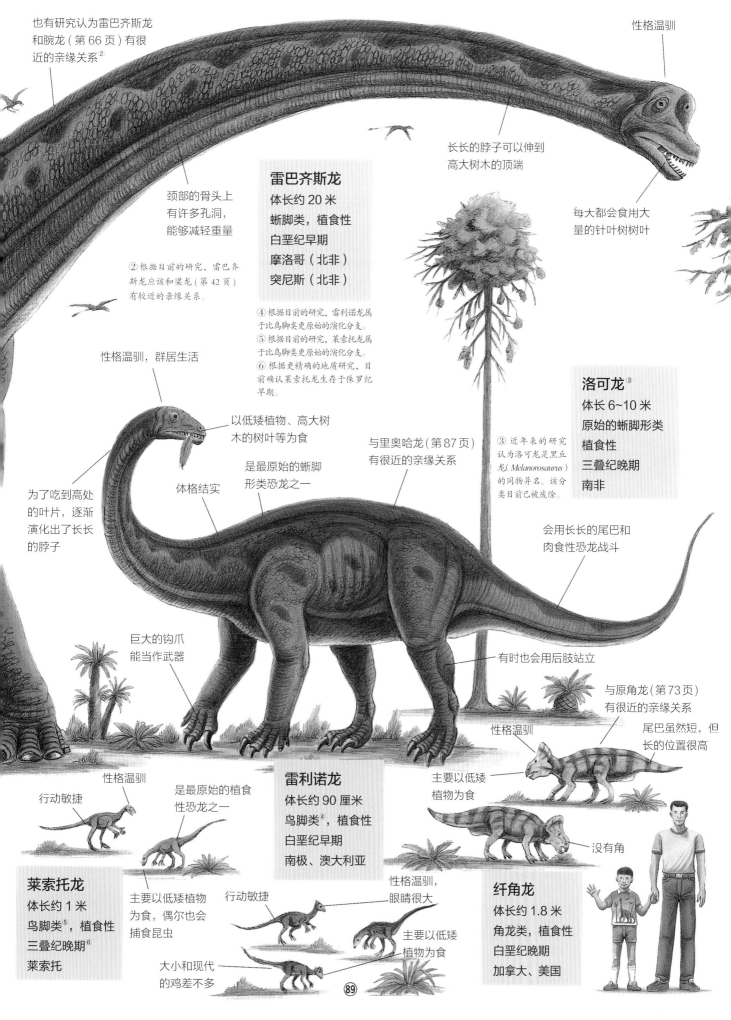

也有研究认为雷巴齐斯龙和腕龙（第66页）有很近的亲缘关系[2]

性格温驯

长长的脖子可以伸到高大树木的顶端

雷巴齐斯龙
体长约20米
蜥脚类，植食性
白垩纪早期
摩洛哥（北非）
突尼斯（北非）

颈部的骨头上有许多孔洞，能够减轻重量

②根据目前的研究，雷巴齐斯龙应该和梁龙（第42页）有较近的亲缘关系。

④根据目前的研究，雷利诺龙属于比鸟脚类更原始的演化分支。
⑤根据目前的研究，莱索托龙属于比鸟脚类更原始的演化分支。
⑥根据更精确的地质研究，目前确认莱索托龙生存于侏罗纪早期。

每天都会食用大量的针叶树树叶

洛可龙③
体长6~10米
原始的蜥脚形类
植食性
三叠纪晚期
南非

③近年来的研究认为洛可龙是黑丘龙（*Melanorosaurus*）的同物异名。该分类目前已被废除。

会用长长的尾巴和肉食性恐龙战斗

性格温驯，群居生活

以低矮植物、高大树木的树叶等为食

与里奥哈龙（第87页）有很近的亲缘关系

是最原始的蜥脚形类恐龙之一

为了吃到高处的叶片，逐渐演化出了长长的脖子

体格结实

巨大的钩爪能当作武器

有时也会用后肢站立

与原角龙（第73页）有很近的亲缘关系

性格温驯

尾巴虽然短，但长的位置很高

主要以低矮植物为食

没有角

性格温驯
行动敏捷

是最原始的植食性恐龙之一

雷利诺龙
体长约90厘米
鸟脚类[4]，植食性
白垩纪早期
南极、澳大利亚

莱索托龙
体长约1米
鸟脚类[5]，植食性
三叠纪晚期[6]
莱索托

主要以低矮植物为食，偶尔也会捕食昆虫

行动敏捷

性格温驯，眼睛很大

主要以低矮植物为食

纤角龙
体长约1.8米
角龙类，植食性
白垩纪晚期
加拿大、美国

大小和现代的鸡差不多

称霸世界的恐龙

三叠纪的风景　恐龙时代的序幕

　　三叠纪是约公元前 2 亿 5200 万年至公元前 2 亿 100 万年，延续了将近 5000 万年的一段时期。当时，地球上大多数的大陆都集中在一起，称为盘古大陆。

　　三叠纪时期，地球环境和今天的差异很大。那时气候更加干燥，植物稀少，开花植物还没有出现，只有蕨类植物和苏铁茂盛地生长在水边。动物们则在这片盘古大陆上自由地移动。

　　最早的恐龙就出现于这个时代。[1]它们可以双足站立，行动敏捷，比当时原始的哺乳类及动作迟缓的爬行类动物更加活跃。因此，它们在很短的时间内就扩张了自己的栖息地，站在了食物链的顶端。

[1] 目前化石证据显示最早的恐龙出现于三叠纪晚期，约 2 亿 3000 万年前。

板龙
（原始的蜥脚形类）

古蜥蜴
（爬行类）

约 2 亿 5200 万年前　　　　　　　　　约 2 亿 100 万年前

三 叠 纪　　　　　　　　侏 罗 纪

真双型齿翼龙
（翼龙类）

腔骨龙类
（兽脚类）

哺乳类

法布尔龙
（原始的鸟臀类）

约 1 亿 4500 万年前 　　　　　　　　　　　　　　　　　　　　　约 6600 万年前

白 垩 纪

喙嘴龙类
（翼龙类）

腕龙类
（蜥脚类）

翼手龙类
（翼龙类）

角鼻龙
（兽脚类）

始祖鸟
（原始鸟类）

嗜鸟龙
（兽脚类）

约 2 亿 5200 万年前　　　　　　　　　　约 2 亿 100 万年前

三 叠 纪　　　　　　　　　　侏 罗 纪

巨型恐龙时代

侏罗纪是约公元前 2 亿 100 万年至公元前 1 亿 4500 万年，延续了约 5600 万年的一段时期。盘古大陆在此时一分为二，变成劳亚大陆和冈瓦纳大陆。

侏罗纪时期，气候温暖，降雨频繁，因此非常潮湿。在这样的环境下，世界各地的植物生长繁茂，而以此为食的植食性恐龙也随之演化出许多不同的类型，如体形庞大的蜥脚类、武装着尖锐棘刺的剑龙类等。到了侏罗纪末期，还出现了腕龙类这种史上最大的蜥脚类恐龙。

此外，肉食性恐龙也演化出了以异特龙为首的许多种类，鸟类的祖先也出现于这一时期。

梁龙
（蜥脚类）

异特龙
（兽脚类）

橡树龙
（鸟脚类）

剑龙
（剑龙类）

美颌龙（兽脚类）

约 1 亿 4500 万年前

约 6600 万年前

白垩纪

白垩纪是约公元前 1 亿 4500 万年至公元前 6600 万年，延续了将近 8000 万年的一段时期。劳亚大陆和冈瓦纳大陆持续分裂，海洋也随之扩张，逐渐形成了如今的大陆分布。全球的气候依旧温暖潮湿，植物种类持续增加，开花植物也出现了。

恐龙逐渐适应了各自生活的大陆环境，演化出丰富多样的种类。例如，植食性恐龙演化出了数量最多的鸭嘴龙类、武装演化的角龙类，以及全身覆盖着坚硬装甲来保护自己的甲龙类。

此外，史上最大的肉食性恐龙——暴龙也出现于这一时期。

暴龙类
（兽脚类）

三角龙
（角龙类）

风神翼龙
（翼龙类）

副栉龙
（鸭嘴龙类）

似鸟龙
（兽脚类）

棱齿龙类
（鸟臀类）

包头龙
（甲龙类）

约 1 亿 4500 万年前

约 6600 万年前

白 垩 纪

恐龙时代的终结

　　恐龙在地球上称霸了 1 亿 6000 多万年，然而它们却在 6600 万年前消失了。关于恐龙灭绝的原因有许多不同的假说，但真正的原因可能并不是单一的，而是很多因素叠加在一起的。

　　白垩纪末期，地球上主要的大陆都存在内陆海。这些内陆海的海流持续为陆地提供稳定且温暖的气候。然而，地壳的运动让这些内陆海逐渐消失，于是出现了季节以及昼夜的巨大温差。寒冬的出现，让无法适应严寒环境的恐龙数量锐减。

　　6600 万年前还发生了另一起重大事件——有一颗巨大的陨石撞击了地球。此次撞击产生了大量的尘埃和水蒸气，乌云遮蔽了阳光，地球笼罩在黑暗之中。植物因此枯萎，以此为食的植食性恐龙也因此灭绝，而以这些植食性恐龙为食的肉食性恐龙也随之灭绝。

从化石骨骼发现恐龙的奥妙

观察恐龙化石就能发现恐龙的奥妙之处，下面就来介绍几点吧。

角最长的恐龙——三角龙

● 从正面观察头骨

● 角的构造

硬角质
（又硬又坚固）

软角质
（遇到撞击时能起
到缓冲作用）

骨芯
（能形成骨骼化石
保存下来）

三角龙体长约 9 米，体重 5 吨以上，是最强大的角龙类恐龙（参照第 52 页）。它头上这 3 根尖锐的角，是同时代的肉食性恐龙最为惧怕的。

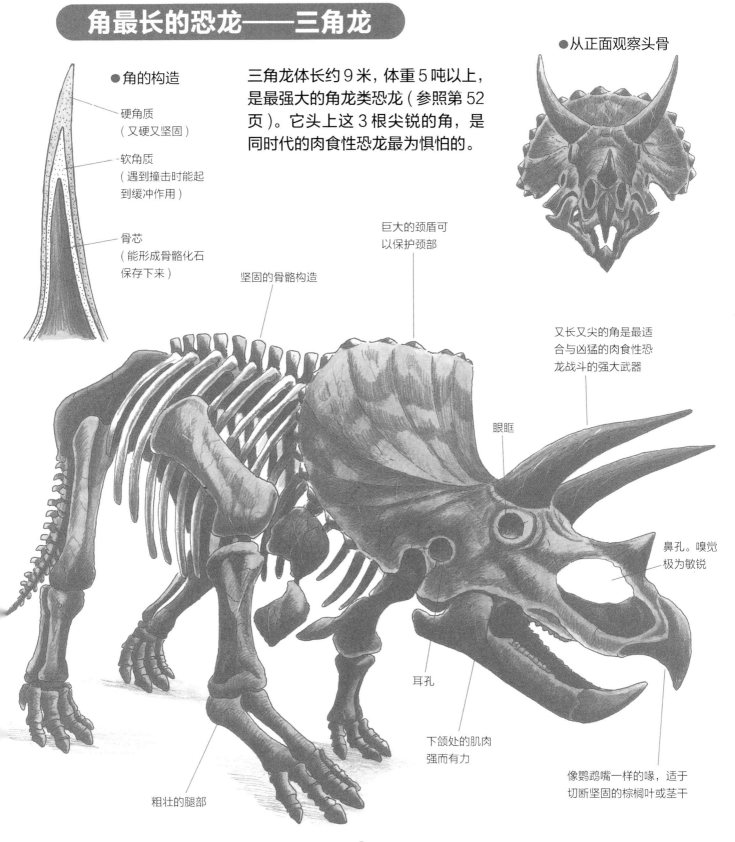

坚固的骨骼构造

巨大的颈盾可以保护颈部

又长又尖的角是最适合与凶猛的肉食性恐龙战斗的强大武器

眼眶

鼻孔。嗅觉极为敏锐

耳孔

下颌处的肌肉强而有力

像鹦鹉嘴一样的喙，适于切断坚固的棕榈叶或茎干

粗壮的腿部

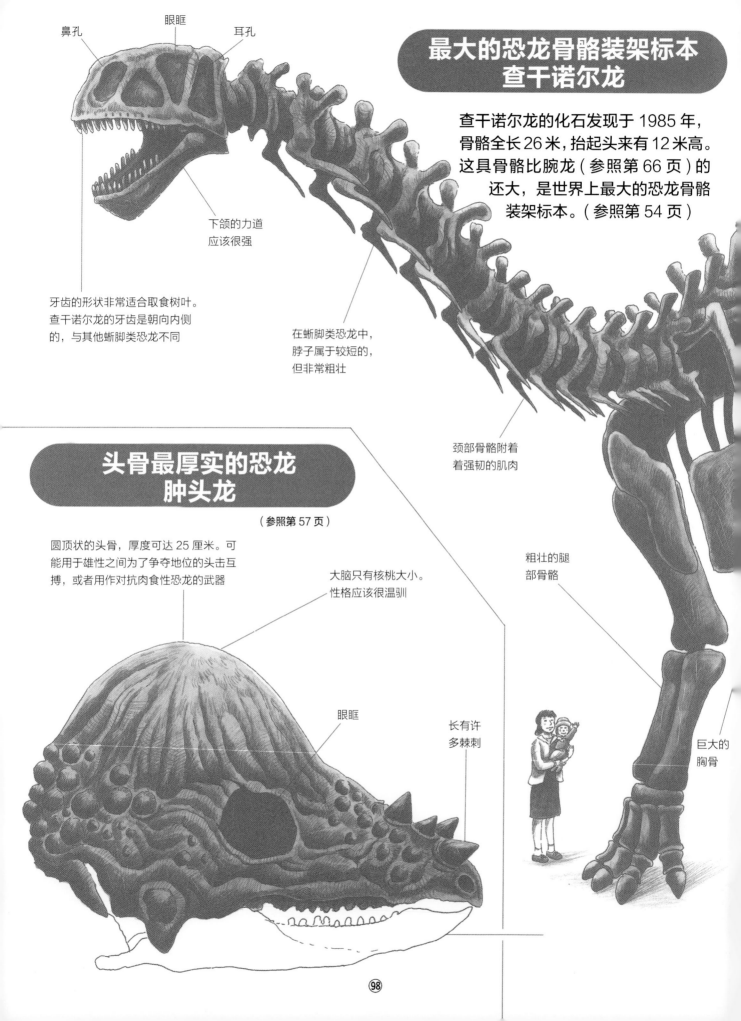

鼻孔
眼眶
耳孔

最大的恐龙骨骼装架标本 查干诺尔龙

查干诺尔龙的化石发现于 1985 年，骨骼全长 26 米，抬起头来有 12 米高。这具骨骼比腕龙（参照第 66 页）的还大，是世界上最大的恐龙骨骼装架标本。（参照第 54 页）

下颌的力道应该很强

牙齿的形状非常适合取食树叶。查干诺尔龙的牙齿是朝向内侧的，与其他蜥脚类恐龙不同

在蜥脚类恐龙中，脖子属于较短的，但非常粗壮

颈部骨骼附着着强韧的肌肉

粗壮的腿部骨骼

头骨最厚实的恐龙 肿头龙

（参照第 57 页）

圆顶状的头骨，厚度可达 25 厘米。可能用于雄性之间为了争夺地位的头击互搏，或者用作对抗肉食性恐龙的武器

大脑只有核桃大小。性格应该很温驯

眼眶

长有许多棘刺

巨大的胸骨

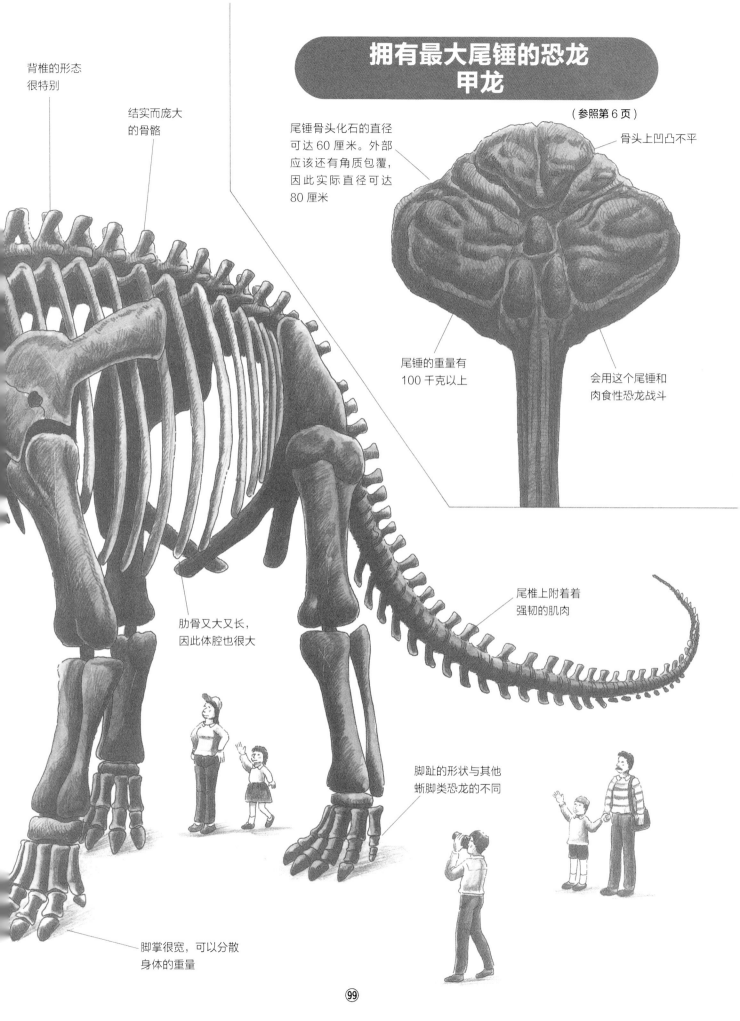

拥有最大尾锤的恐龙
甲龙

（参照第6页）

背椎的形态
很特别

结实而庞大
的骨骼

尾锤骨头化石的直径
可达60厘米。外部
应该还有角质包覆，
因此实际直径可达
80厘米

骨头上凹凸不平

尾锤的重量有
100千克以上

会用这个尾锤和
肉食性恐龙战斗

尾椎上附着着
强韧的肌肉

肋骨又大又长，
因此体腔也很大

脚趾的形状与其他
蜥脚类恐龙的不同

脚掌很宽，可以分散
身体的重量

体形最大的肉食性恐龙之一
南方巨兽龙

南方巨兽龙的化石发现于阿根廷 1 亿多年前的地层之中。全长将近 15 米，与最大的暴龙（参照第 46 页）体形相当。（参照第 20 页）

脑容量非常小

眼眶

与暴龙不同，南方巨兽龙无法直视前方

头骨上方的部分比较平坦

像刀一样锋利的牙齿，厚度比暴龙的更薄，因此有许多学者认为南方巨兽龙无法咀嚼骨头

有些学者认为肉食性恐龙的牙齿上有许多细菌，因此植食性恐龙被咬后难以存活

下颌附着着强韧的肌肉

牙齿最大的肉食性恐龙
暴龙

● 暴龙的头骨

（参照第 46 页）

脑容量非常小

眼睛朝向前方，因此可以分辨立体方位

结实而厚重的头骨

嗅觉相当敏锐

● 牙齿长度接近 30 厘米（包括牙根在内）

牙齿就算折断了，也会很快长出新的

牙齿边缘长有不平整的锯齿，能够轻松切割肉块

整齐排列的背椎

身体的重心在腰部骨骼
的位置，以此保持平衡

有许多学者认为南方
巨兽龙可能无法像暴
龙一样迅速奔跑

手比暴龙的大，
且上面长有巨大
的钩爪

兽脚类的腰部骨骼
（耻骨）极具特点

脚部趾爪又长又大。
有时也会用脚踩踏、
压制猎物

用３根脚趾分散
体重，以此减轻
足部的负担

索引

● 恐龙　△ 鸟类　□ 翼龙

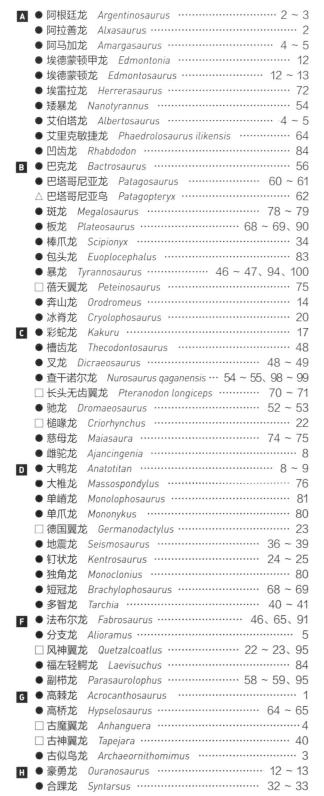

作者的话

恐龙这种动物确实有着不可思议的魅力，无论是在姿态、形貌还是体格上都各具特色、饶富趣味。我觉得如果能将这些与极具魅力的恐龙有关的知识做成一本图解百科，那一定会非常有趣。

恐龙在世界各地的受欢迎程度无须赘述，最近这20年，世界上对恐龙的研究更是突飞猛进。过去那种"体态臃肿的爬行类"形象已经遭到摒弃，现代的恐龙形象是：温血且行动活跃，生态趋近于鸟类。

本书尽量画出最新的恐龙形象复原图。首先在色彩方面，过去的图鉴大多采用灰色或青苔绿的色调，但考虑到恐龙应该会配合生存环境而使用保护色或警戒色，因此本书对色彩进行了调整。许多恐龙我画得非常鲜艳，这是考虑到鸟类是恐龙的后裔，而鸟类就有着非常丰富的色彩，因此才选择用这样的配色。

此外，有关恐龙的姿态。在过去的想象中，恐龙总是被描绘成拖着尾巴且行动笨拙，但本书试图描绘出恐龙挥动尾巴积极活动、飒爽的行动风格。

我非常希望能在本书中列出所有的恐龙种类，但碍于页数限制，没办法将所有种类都罗列出来，还希望读者们见谅。

和现代已遭破坏的地球环境相比，恐龙生存的时代应该是个自然生态更丰富、更美丽的世界。这本书的出版，如果能让读者体会到大自然的有趣和奥妙，那将是我最大的荣幸。

●主要取材地

加拿大艾伯塔省皇家泰瑞尔博物馆
日本国立科学博物馆
大阪市立自然史博物馆
茨城县自然博物馆

●主要参考文献

《动物大百科别卷1：恐龙》 ……………… 平凡社
《动物大百科别卷2：翼龙》 ……………… 平凡社
《恐龙百科》 …………………………… 平凡社
《肉食恐龙百科全书》 ………………… 河出书房新社
《最新恐龙百科全书》 ………………… 朝日新闻社
《最新恐龙百科全书》 ………………… 宇宙出版社
《世界恐龙图鉴》 ……………………… 新潮社
《90大恐龙博览会指南》 ……………… 学习研究社
《92大恐龙博览会指南》 ……………… 学习研究社
《95大恐龙博览会指南》 ……………… 学习研究社
《98大恐龙博览会指南》 ……………… 读卖新闻社
《恐龙学最前线1～6卷》 ……………… 学习研究社
《小学馆图鉴NEO恐龙[新版]》 ……… 小学馆
《讲谈社图鉴MOVE恐龙》 …………… 讲谈社
其他来自《每日新闻》的新闻报道等。

●黑川光广

1954年出生于日本大阪，曾在日本大阪市立美术研究所学习绘画。主要作为儿童插画师开展创作活动，在古生物研究上也有很深的造诣，是日本儿童出版美术家联盟会员。现在在日本东京练马区关町成立了自己的工作室。

出版了《恐龙大陆》《恐龙大冒险》《勇敢的三角龙》《受伤的暴龙》《战斗的恐龙》《ABC恐龙图册》《暴龙家族大图解》等众多作品。

图书在版编目（CIP）数据

图解恐龙大百科 / (日) 黑川光广 著；廖俊棋译
. -- 成都：成都时代出版社，2023.4
　ISBN 978-7-5464-3100-0

　Ⅰ. ①图… Ⅱ. ①黑… ②廖… Ⅲ. ①恐龙—普及读
物 Ⅳ. ①Q915.864-49

中国版本图书馆CIP数据核字(2022)第122808号

KYÔRYÛ ZUKAI SHINJITEN
Copyright © 1999 by Mitsushiro KUROKAWA
First published in Japan in 1999 by Komine Shoten Co., Ltd., Tokyo
Simplified Chinese translation rights arranged with Komine Shoten Co., Ltd.
through Japan Foreign-Rights Centre/ Bardon-Chinese Media Agency

本书中文简体版权归属于银杏树下（北京）图书有限责任公司

著作权合同登记号：图进字21-2022-220
审图号：GS 京（2022）0911 号

图解恐龙大百科
TUJIE KONGLONG DA BAIKE

作　　者：[日]黑川光广
译　　者：廖俊棋
出 品 人：达　海
选题策划：北京浪花朵朵文化传播有限公司
出版统筹：吴兴元　　　　　　　　编辑统筹：彭　鹏
责任编辑：王路瑶　　　　　　　　责任校对：周　慧
责任印制：车　夫　　　　　　　　特约编辑：陆　叶
营销推广：ONEBOOK　　　　　　　装帧制造：墨白空间·杨阳
出版发行：成都时代出版社
电　　话：（028）86742352（编辑部）
　　　　　（028）86763285（市场营销部）
印　　刷：天津图文方嘉印刷有限公司
成品尺寸：210毫米×270毫米
印　　张：7
字　　数：88千字
版　　次：2023年4月第1版
印　　次：2023年4月第1次印刷
书　　号：ISBN 978-7-5464-3100-0
定　　价：89.00元

官方微博：@浪花朵朵童书
读者服务：reader@hinabook.com 188-1142-1266
投稿服务：onebook@hinabook.com 133-6637-2326
直销服务：buy@hinabok.com 133-6657-3072

恐龙的系统图

在长达 1 亿 6000 多万年的恐龙时代，
恐龙演化出了丰富多样的形态。

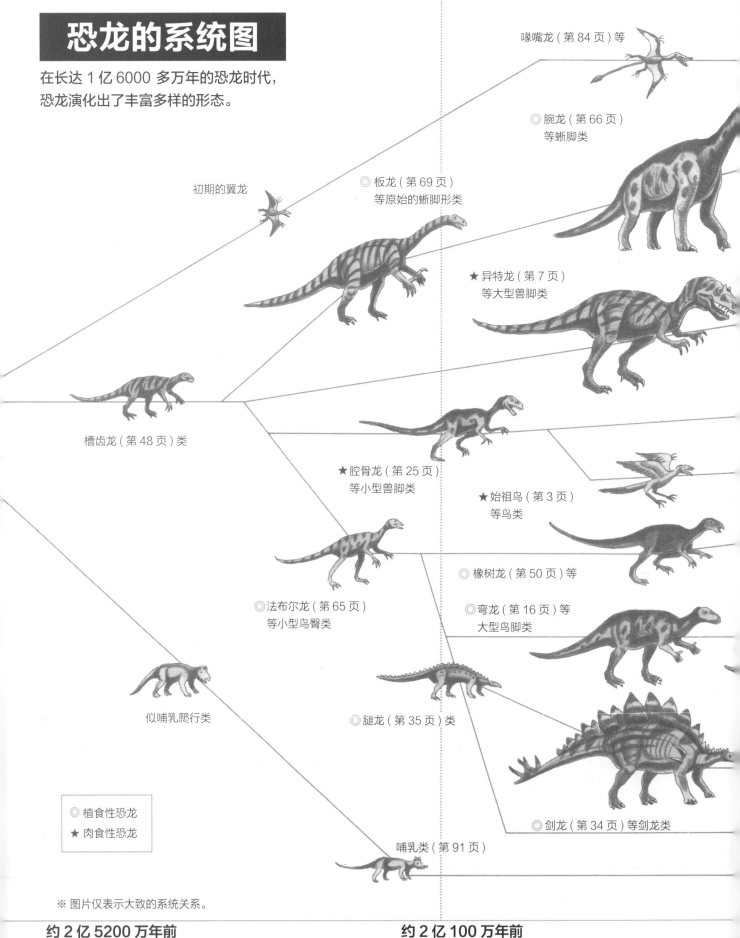

喙嘴龙（第 84 页）等

◎ 腕龙（第 66 页）
等蜥脚类

◎ 板龙（第 69 页）
等原始的蜥脚形类

初期的翼龙

★ 异特龙（第 7 页）
等大型兽脚类

槽齿龙（第 48 页）类

★ 腔骨龙（第 25 页）
等小型兽脚类

★ 始祖鸟（第 3 页）
等鸟类

◎ 橡树龙（第 50 页）等

◎ 法布尔龙（第 65 页）
等小型鸟臀类

◎ 弯龙（第 16 页）等
大型鸟脚类

似哺乳爬行类

◎ 腿龙（第 35 页）类

◎ 植食性恐龙
★ 肉食性恐龙

◎ 剑龙（第 34 页）等剑龙类

哺乳类（第 91 页）

※ 图片仅表示大致的系统关系。

约 2 亿 5200 万年前

约 2 亿 100 万年前

三 叠 纪

侏 罗 纪